Edizioni PensareDiverso
Cenacolo Jung Pauli

Peter Veltman

Quantumverstrengeling en synchroniciteit

Krachtvelden, niet-lokaliteit, buitenzintuiglijke waarnemingen. De verrassende eigenschappen van de kwantumfysica.

Index van het boek.

Het is mijn persoonlijke mening dat voor de wetenschap van de toekomstige realiteit noch psychisch, noch fysiek zal zijn: op een of andere manier zal de werkelijkheid beide zijn en geen van hen ... Het zou absoluut wenselijk zijn dat de fysica en de psyche als complementaire aspecten van dezelfde realiteit kunnen worden beschouwd.''
(Wolfgang Pauli, Nobelprijs voor de natuurkunde, in een brief uit 1950 aan Abraham Pais).

Inleiding. Waar dit boek over gaat

Al vele eeuwen worden buitenzintuiglijke percepties zoals telepathie, voorgevoelens en vooruitziendheid beschouwd als fantasieën, illusies of frauduleuze uitvindingen.

Dit was het directe gevolg van de materialistische overheersing van de wetenschap en van de preventieve ontkenning van een niet-verifieerbare realiteit in het wetenschappelijk laboratorium.

Desondanks hadden we allemaal simpele ervaringen zoals onverklaarde toevalligheden, voortekenen of zelfs lezingen van de gedachten lezen en intenties van anderen.

Het feit dat we er in het dagelijks leven vaak van hebben geprofiteerd, toont aan dat het geen illusoire ervaringen waren.

Nu, eindelijk, in de laatste decennia, is er bewijsmateriaal naar voren gekomen om het bestaan van een hoger niveau van bewustzijn te bewijzen.

Er is een collectieve geest die ideeën en gedachten bevat die de hele mensheid gemeenschappelijk heeft. Dit is een psychisch kosmos die kan worden gebruikt in ons voordeel. Vanuit deze kosmos ontvangen we signalen en informatie.

In 1980 werd kwantumverstrengeling experimenteel bevestigd. Dit bestaat uit de eigenschap van elementaire deeltjes om met elkaar te communiceren zonder grenzen van ruimte en tijd.

De communicatie tussen de elementaire deeltjes vindt plaats in een dimensie die niet onderhevig is aan de gekende wetten van de natuurkunde. Deze dimensie kan worden vergeleken met een universele geest.

De experimenten van het "Global Consciousness Project" uitgevoerd aan de Universiteit van Princeton hebben ongetwijfeld aangetoond dat er een bewustzijn van de wereld bestaat.

Dit bewustzijn reageert emotioneel wanneer grote gebeurtenissen plaatsvinden die de mensheid betreffen.

Het project is gebaseerd op elektronische apparatuur waarmee de psychische spanning van menselijke gemeenschappen kan worden vastgelegd. Deze apparaten worden verdeeld in 41 landen op alle continenten.

Ter gelegenheid van de terroristische aanslag op de Twin Towers in New York, op 11 september 2001, noteerden de instrumenten van de Universiteit van Princeton een zeer sterke piek van "angst" in de gevoelens van de wereldbevolking.

Het verbazingwekkende feit is dat de emotionele piek niet werd vastgelegd na het feit, maar *twee uur voor* de tragedie.

Dit boek spreekt van alle bevestigingen over de theorie van de *Anima mundi*, dierbaar voor de Griekse filosoof Plato. Verder beschrijft het boek de theorie genaamd "collectief onbewuste" uitgewerkt door de beroemde psychotherapeut Carl Gustav Jung. Ten slotte vertelt het boek over hoe deze theorieën worden bevestigd door de voorspellingen van de kwantumfysica, afkomstig van vooraanstaande wetenschappers en Nobelprijzen.

Deze wetenschap documenteert het bestaan van een niet-lokaal niveau waarbij de deeltjes, zelfs gescheiden door immense afstanden, alles over elkaar weten en zich gedragen alsof ze één waren.

Dit boek is noch een wetenschappelijke tekst, noch een filosofische of een para-religieuze. De auteur is een popularisator met jarenlange ervaring. Hij is in staat om de hoofdpunten van zeer complexe onderwerpen te identificeren, en is in staat ze zo te verwerken dat ze begrijpelijk worden voor het grote publiek.

De boodschap van dit boek is dat de scheidingslijn tussen materie en de psyche aan het instorten is, integendeel, het is al ingestort.

Vanuit een universum dat volledig is gebaseerd op toeval geaggregeerde materie, beweegt de mensheid zich naar een nieuwe manier om de werkelijkheid te begrijpen, waar materie en psyche naast elkaar bestaan en integreren.

Terwijl de klassieke fysica dominant blijft in de wereld waarneembaar door onze zintuigen, komen nieuwe niveaus van realiteit naar voren met psychische inhoud.

Op het kwantumniveau is de klassieke natuurkunde niet langer geldig omdat hier het materiële deel op zichzelf niet zijn functie kan vervullen. Het heeft een psychische dimensie nodig, dat wil zeggen een hoger niveau, het niveau van niet-lokaliteit.

In dit niveau wordt het hele universum één ding. Het is niet langer gemaakt van materie maar van energie en informatie, en wordt gecoördineerd door een kracht van harmonie, zonder welke alleen chaos bestaat.

In de meest verborgen niveaus van de realiteit kan materie niet zonder de psyche. Omgekeerd kan de psyche niet bestaan zonder een materiaal waardoor ze zichzelf kan uiten.

Dit bewustzijn begeleidt de mensheid naar een nieuwe evolutionaire sprong, waarna de materialistische overheersing zal ophouden.

Het zal een tijdperk van samenwerking tussen psyche en materie tot stand brengen, waarin zelfs fenomenen die nu worden besproken of ontkend, zoals buitenzintuiglijke waarnemingen, bronnen van algemeen gebruik in het dagelijks leven zullen worden.

I. Essentiële uitgangspunten

1 - Die bloedbad van Baruhillstraat

Op 27 oktober 1992 vond een verschrikkelijke tragedie plaats in Terrigal, een woonwijk van Bateau Bay, gelegen aan de Central Coast, niet ver van de dichtbevolkte Australische stad Sydney.

In de greep van een moment van waanzin, brak een man het huis in van Thomas Gannan, in Baruhill Street, waarbij Thomas en zijn twee dochters werden vermoord: Kerry van 23 en Lisa van 18.

Daarnaast vermoordde hij zijn eigen zoon, David, 27, en twee andere mensen in het huis. De naam van de auteur van het bloedbad was Malcom Baker.

Volgens de plaatselijke krant The Sidney Morning Herald, die het verhaal lang heeft gevolgd, waren de redenen voor het bloedbad dwaas. Het bloedbad van Baruhill Street is een gebeurtenis die huilt om wraak en goddelijke gerechtigheid oproept.

Als ongelovige toeschouwers vragen we ons af waarom zo'n gruwelijke misdaad heeft plaatsgevonden. Gelovigen kunnen zich afvragen: waarom staat God dit toe?

De pijn van de hele gemeenschap was geweldig. Een derde dochter van Thomas, Julie, die ten tijde van het bloedbad 17 was, schreef een hartverscheurend liefdesgedicht voor de verloren familieleden, waarvan ik een paar regels citeer:

> "... nu alles is gebeurd
> Ik wou dat het een droom was,
> maar helaas is het realiteit,
> zelfs als ik het niet kan geloven.
> Beste vader, zelfs als je weg bent
> Ik hou altijd van je ... "

Ik vertelde deze aflevering met het doel betekenis aan het boek te geven. Natuurlijk, als we geconfronteerd worden met de vraag waarom deze dingen kunnen gebeuren, hebben we geen antwoorden. We kunnen ons echter voorstellen dat als "iemand" een waarschuwing had gegeven, dit niet zou zijn gebeurd.

Vaak zijn er in de aanwezigheid van plotse rampen van verschillende aard, zoals natuurrampen, mensen die beweren een voorgevoel te hebben gehad waardoor ze het ergste konden vermijden. Waarom gebeurt het niet altijd? Waarom gebeurt het niet voor iedereen? Waarom gebeurde het niet in het geval van de Gannan-familie?

Een voorgevoel niet begrepen

Toch is het mogelijk dat dit gezin een waarschuwing heeft ontvangen. Zoals we zagen in het aangrijpende gedicht van Julie, waren de Gannan-meisjes dol op schrijven, en zelfs de achttienjarige Lisa schreef soms verzen.

Een voorgevoel niet begrepen

Toch is het mogelijk dat dit gezin een waarschuwing heeft ontvangen. Zoals we zagen in het aangrijpende gedicht van Julie, waren de Gannan-meisjes dol op schrijven, en zelfs de achttienjarige Lisa schreef soms verzen.

Het is duidelijk dat een meisje vol leven, vrolijk, zonnig, wat anders had kunnen schrijven als het geen hymnes was voor vreugde?

Bovendien meldt The Sydney Morning Herald dat Elisa, hoewel nog steeds een student, in afwachting was van de komst van een baby voor de maand december.

Figuur 1. Aan de rechterkant is Lisa Gannan. Links zijn zus Kerry, ook een slachtoffer gedood door de gestoorde, met zijn moeder afwezig ten tijde van het bloedbad.

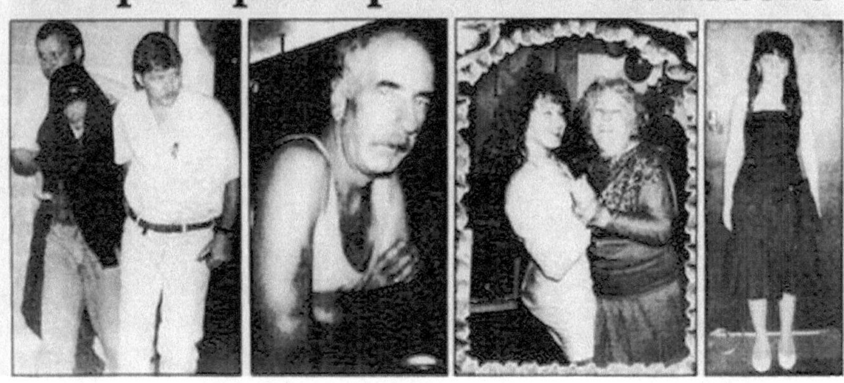

Figuur 2. De voorpagina van The Sydney Morning Herald met het nieuws van het bloedbad.

Een vrouwelijke professor die door de jonge vrouw werd bezocht, was verrast en teleurgesteld toen ze kort voor het bloedbad deze verzen in haar dagboek las:

"Waarom ben je komen wenen voor mijn graf?
Ik ben niet in het graf, ik slaap niet.
Ik ben een ster die ronddoolt in de duisternis van
de nachtelijke hemel.
Huil niet op het graf,
Ik ben niet in het graf, ik leef in de donkere lucht.
"

Toen de vrouwelijke leerkracht haar vroeg waarom zulke verzen zo vol bitterheid waren, antwoordde Lisa dat ze het niet wist, omdat ze spontaan in haar geest geboren werden

Achteraf kunnen we ons voorstellen dat die verzen het voorgevoel van een dodelijke gebeurtenis kunnen vertegenwoordigen.

Maar eerlijk gezegd moeten we ons ook afvragen of Lisa deze tekens zou kunnen begrijpen. Waarschijnlijk was Lisa gewaarschuwd, maar met een onbekende, hermetische taal, moeilijk te interpreteren. Deze taal klonk niet logisch voor haar.

Alle dingen die om ons heen gebeuren, de vreemde toevalligheden, de 'tekenen', als ze niet logisch zijn, kunnen niet begrepen worden.

Als we in staat zijn om betekenis te geven aan een onbeduidende episode, wordt deze zelfde episode voor ons een aanzienlijk toeval. De psycholoog Carl Jung noemt deze gebeurtenissen "synchroniciteit".

Jung wijdde veel van zijn leven aan de studie van deze onderwerpen. We ontvangen allemaal berichten in de vorm van ongrijpbare signalen, vreemde toevalligheden, vaak herhaalde combinaties, parallellen. Maar we beschouwen ze niet met de juiste aandacht.

Dit gebeurt omdat we deze feiten beschouwen als een gevolg van toeval, maar ook omdat we de betekenis ervan niet begrijpen. Het is moeilijk te geloven dat een entiteit zoveel om ons geeft en ons waarschuwingen probeert te sturen. Waarom zou hij het doen? En als hij het wil doen, waarom kan hij zich dan niet duidelijker uitdrukken?

Een tegengesteld geval

In tegenstelling tot de moeilijkheden bij het interpreteren van de vorige aflevering, besteedde Mr. Woods hij had veel meer aandacht voor de voorgevoelens. Hij was een oud lid van een advocatenkantoor in New York. Het lijkt erop dat hij verschillende keren de aanstaande gevaren heeft weten te.

.Als we een wijdverbreid rapport op het internet onderschrijven, heeft Mr. Wood drie aanvallen overleefd.

De eerste keer, op 21 december 1988, wanneer hij met Pan Am-vlucht 103 zou moeten reizen.

Het vliegtuig, een Boeing 747-121 genaamd *Clipper Maid of the Seas*, dat een route maakte van Londen naar New York, explodeerde tijdens de vlucht voor de ontploffing van een explosieve lading.

De tragedie vond plaats boven de stad Lockerbie, Schotland. 270 mensen stierven bij het vliegtuigongeluk, 259 aan boord van het vliegtuig en 11 op de grond werden geraakt door puin.

Meneer Woods werd gered omdat hij zijn vertrek had geannuleerd.

De tweede keer, op 26 februari 1993, overleefde hij de terroristische aanslag tegen het World Trade Center in Manhattan. Die tijd, vanwege een vrachtwagen geladen met explosieven in de ondergrondse parkeergarage, was het budget 6 doden en meer dan 1000 gewonden.

Eindelijk, op 11 september 2001, kwam Mr.Woods uit de Twin Towers, vlak voordat vliegtuigen vol explosieven instortten.

Hoewel dit verhaal niet nauwkeurig is gedocumenteerd, zijn er andere soortgelijke tientallen, gerelateerd aan mensen die voorbestemd zijn om geluk te hebben of ... zeer alert op voorgevoelens.

2 - Hoe zwaar is de ziel?

Er zijn veel dingen om ons heen die we niet begrijpen. Is dit een eeuwige veroordeling, of kunnen we hopen dat we vroeg of laat de weg zullen vinden om licht te werpen?

Alles suggereert dat veel menselijke capaciteiten niet bekend zijn, inderdaad, er zijn er enkele die we ons niet eens voorstellen. Andere vaardigheden zijn alleen intuïtief, anderen nog steeds, zoals voortekenen en telepathie, we zouden zweren dat ze bestaan, maar we weten niet hoe we ze correct moeten gebruiken.

In de afgelopen eeuwen hebben wetenschappelijke vooroordelen over de realiteit van het universum elke mogelijkheid ontkend om paranormale werkelijkheden te betrekken bij het functioneren van de natuur.

De wereld om ons heen wordt beschouwd als een massa materie onderworpen aan mechanistische regels. Volgens deze opvatting is alleen dat wat gewogen en gemeten kan worden normaal, al het andere is pure illusie, alsof het niet bestond.

Die wêreld rondom ons word beskou as 'n massa materie wat aan meganistiese reëls onderwerp word. Volgens hierdie opvatting is slegs die dinge wat geweeg en gemeet kan word, normaal, alles is suiwer illusie, asof dit nie bestaan het nie.

Preciezere wegingen zijn vereist

Met de komst van de Verlichting, een culturele en filosofische stroming die rond de achttiende eeuw in Europa was ontstaan, werd gesteld dat als de ziel bestond, deze een gewicht had moeten hebben, omdat een ziel gemaakt van enige geest niet kon bestaan.

Daarom werd besloten de stervenden kort voor en kort na de dood af te wegen om te zien of hun gewicht varieerde. Omdat bleek dat het gewicht hetzelfde bleef, werd geconcludeerd dat de ziel volledig onbestaande was.

Ik dacht dat dit experiment als belachelijk kon worden beschouwd zonder commentaar toe te voegen. In plaats daarvan hoorde ik dat iemand het in onze tijd wilde herhalen.

Een film met de titel "21 gram" werd gemaakt in 2003 en is gebaseerd op de experimenten die in 1901 werden uitgevoerd door Dr. Duncan MacDougall in Dorchester. Er zijn veel steden met deze naam, maar hier verwijzen we naar die in Massachusetts (VS).

De wetenschapper wilde laten zien dat de menselijke ziel een massa heeft en is daarom meetbaar, met behulp van schalen die nauwkeuriger zijn dan die gebruikt in 1700. Daarom woog hij zes sterven vóór, na en op het moment van overlijden. Zijn conclusie was dat de ziel 21 gram weegt en vandaar de titel van de film.

Voor meer veiligheid woog de arts een hond met dezelfde methode. In dat geval ontdekte hij dat het gewicht hetzelfde bleef, dus concludeerde hij dat alleen menselijke wezens de ziel hebben, de dieren niet.

Alles moet opnieuw gedaan worden

Zolang de wetenschap beweert zo'n materialistische benadering te hebben, zal er geen vooruitgang worden geboekt in de dialoog tussen wetenschap en de psyche. Wat we in dit boek willen bevestigen, is dat de werkelijkheid niet alleen uit materie bestaat.

> De vragen die we onszelf stellen, zijn al eeuwen hetzelfde:
> - Is het mogelijk dat de psyche ook te vinden is in het universum gemaakt van materie?

- Bestaat er een relatie tussen psyche en materie, en wat zijn de grondslagen?

- Leeft ons persoonlijk geweten op zichzelf gesloten of heeft het de mogelijkheid om met alle andere gewetens van het universum te communiceren?

- En wat zijn de andere gewetens?

- Op welke manier kan deze communicatie tussen geweten plaatsvinden?

- En tenslotte, is er een wereldwijd bewustzijn, een 'superbewustzijn' dat elk individueel geweten verbindt en verenigt?

Hoewel deze problemen ingewikkeld lijken, is het niet onmogelijk om hun begrip te benaderen. Velen werken eraan om de taak te vergemakkelijken. Ze doen het serieus en wetenschappelijk.

In dit boek presenteer ik de ontdekkingen, experimenten en ervaringen van de bekendste wetenschappers over de onderwerpen die bij dit onderzoek betrokken zijn, van psychologie tot kwantumfysica.

Weten hoe deze argumenten moeten worden verdiept, in plaats van ze als niet-invloedrijk te beoordelen vanuit wetenschappelijk oogpunt, betekent bijdragen aan het objectieve begrip van het vermogen van onze geest en hoe het erin slaagt een dialoog aan te gaan met de Universele Geest.

In mijn rol als popularisator zal ik proberen alle verschillende hypotheses te illustreren zonder ze te prefereren. Evenzo hoop ik dat ik geen serieus uitgevoerd onderzoek zal uitsluiten.

Ik zal echter theorieën vermijden die zijn gebaseerd op para-filosofische of para-religieuze speculaties van het 'New Age', die naar mijn mening zeer talrijk zijn en alleen gericht zijn op het verzamelen van consensus en geld (de ingrediënten van macht). Ik zal alleen verzet aantekenen tegen de theorie van het absolute materialisme.

3 - Normaal en paranormaal.

De bewering dat psychische verschijnselen 'paranormaal' zijn, is heel omstreden. Men kan "buitengewoon" iets definiëren als het niet vaak gebeurt of niet gebeurt met de meeste mensen. We weten echter allemaal, zelfs uit persoonlijke ervaring, dat buitenzintuiglijke waarnemingen normaal en vaak voorkomen.

Er werd echter besloten om voor deze categorie van gebeurtenissen het achtervoegsel "para" te gebruiken, wat het een in wezen negatieve betekenis geeft. Met "para" definiëren we alle dingen die, volgens de officiële wetenschap, niet kunnen worden gewogen en gemeten in het laboratorium en daarom niet bestaan.

Volgens dit criterium zijn veel onderwerpen waar ik het over heb in dit boek paranormaal, praktisch misleidend of suggestief.

De mening van veel andere wetenschappers met een meer open geest is dat dit in plaats daarvan normale gebeurtenissen zijn, zelfs heel normaal, omdat ze heel veel mensen protagonisten maken, vaak meerdere keren.

Ook in dit boek zullen we de term 'verschijnselen' gebruiken, maar niet in de afwijkende betekenis van 'visionaire afleveringen'. Met de term verschijnselen zullen we verwijzen naar ongebruikelijke feiten die nader bestudeerd moeten worden om begrijpelijk te worden.

Het is niet ongebruikelijk om een voorteken te hebben dat dan werkelijkheid wordt. Evenzo kan het ons allemaal overkomen om een persoon te bedenken die we al lang uit het oog hebben verloren, en kort daarna kunnen we een telefoontje van die persoon ontvangen

Op dezelfde manier gebeurt het vaak dat we stilletjes met anderen dicht bij ons enkele gedachten delen, die in onze harten waren gegroeid, maar die we nooit eerder hadden uitgedrukt.

Net so gebeur dit dikwels dat ons sommige gedagtes met mense naby ons deel. Hierdie gedagtes is egter stilweg in ons harte gehou en is nog nooit voorheen uitgedruk nie.

Vrijwel iedereen van ons heeft soms het gevoel dat hij wordt geobserveerd en als we ons omkeren, kunnen we verifiëren dat iemand echt achter ons staat.

Voor de voorstanders van het materialisme zijn dit eenvoudige zaken of, bovendien, illusies die zijn gerijpt in cerebrale involuties. Volgens hen is het vermogen tot denken van de mens gebaseerd op de uitwisseling van elektrochemische signalen in de hersenen en kan niets van buiten uit de schedel komen.

Daarom is de mogelijkheid dat gedachten bze komen eruit ons hoofd komen of vanuit andere hoofden in ons hoofd komen volledig uitgesloten. Alles dat we ons voorstellen wordt geboren en sterft in onze hersenen, heeft geen kans om uit te gaan. Hij kan niet reizen in ruimte en tijd en geïnteresseerd raken in andere hersens.

Waarschijnlijk, zeggen sommigen, zou het mogelijk zijn als we twee hersens dicht bij elkaar zouden verbinden met een elektrische kabel. Of, een wi-fi systeem dat in staat is om signalen tussen hersenen uit te wisselen, moet worden ontworpen. In deze gevallen zou alles echter gebaseerd zijn op onzichtbare maar fysieke activiteiten.

Volgens hen is een wi-fi systeem gebaseerd op telepathie, dat wil zeggen, op de uitwisseling van puur denken, zonder fysieke verbindingen, volkomen ondenkbaar. Hoewel telepathische verschijnselen lijken voor te komen, komen ze volgens de materialistische wetenschap feitelijk niet voor en moeten ze worden gecatalogiseerd als gevallen, toevalligheden of illusies.

Op dit punt is het de moeite waard om te vragen wat wetenschap is. Is het een systeem waarin alles verloopt volgens de vooroordelen van de meerderheid, en volgens de onverwijderbare 'ipse dixit' van sommige heilige monsters van atheïsme?

Of is wetenschap een systeem waarin onderzoek wordt uitgevoerd zonder de mogelijkheden uit te sluiten, in aanmerking nemend dat te veel onfeilbare meesters hebben moeten nadenken over hun overtuigingen, nadat zij hen hadden opgelegd zonder de mogelijkheid van een tegenstrijdigheid?

Voor alle leeftijden van de Verlichting en tot de laatste jaren, toen de onthullingen van de kwantumfysica ten slotte vele culturele kastelen ten val brachten, was het materialisme de enige mogelijke realiteit.

Sinds de komst van de kwantumfysica heeft een kleine minderheid van verlichte geesten, in steeds grotere aantallen, terwijl het wetenschappelijke bewijsmateriaal materialistische theorieën overbodig maakte, nieuwe horizonten geopend.

Deze mannen hebben het concept van psyche opnieuw geëvalueerd. Dit concept is een essentieel onderdeel geworden, evenals het materiaal, in de beschrijving van de werkelijkheid.

De eerste organisatie die zich toelegde op de wetenschappelijke studie van buitenzintuiglijke werkelijkheden was de British Society for Psychical Research.

British Society for Psychical Research

British Society for Psychical Research
In 1882 creëerden drie leden van het Trinity College of Cambridge deze vereniging. Hun namen waren Edmund

Gurney, Frederic Myers en Henry Sidgwick. Edmund Rogers nam ook deel aan de stichting.

Het is een non-profitorganisatie die is opgericht met het doel om 'evenementen en vaardigheden te bestuderen die gewoonlijk worden gedefinieerd als mediumistisch of paranormaal, en om belangrijk onderzoek op dit gebied te promoten en te ondersteunen'. Verder, om "paranormale verschijnselen op een wetenschappelijke en onpartijdige manier te onderzoeken".

Zo is de maatschappij geboren om goed onderzoek te doen naar parapsychologische of paranormale verschijnselen en om te evalueren wat waar was. Het onderzoek was vooral gericht op zes gebieden: telepathie, mesmerisme of magnetisme, mediumschap, verschijningen, fysieke verschijnselen opgetreden tijdens seances en, tenslotte, de geschiedenis van al deze verschijnselen.

So is die samelewing gebore om goeie navorsing oor parapsigologiese of paranormale verskynsels te doen, en om te evalueer wat waar was. Die navorsing was hoofsaaklik gerig op ses gebiede: telepatie, mesmerisme of magnetisme, mediumskap, verskynings, fisiese verskynsels het tydens gees sessies plaasgevind en uiteindelik die geskiedenis van al hierdie verskynsels.

Momenteel bevindt het bedrijf zich in Londen en in Cambridge. Een Franse tak van de SPR werd opgericht in 1885 onder de naam Societe Francaise pour les Recherches Psychiques (SFRP). Later werd de American Association for Psychological Research (ASPR) opgericht.

Aanhangers van het bedrijf zijn Carl Gustav Jung, Mark Twain, Lewis Carroll, Carl Alfred, Lord Tennyson, J. B. Rhine en Arthur Conan Doyle.

Onder zijn presidenten kunnen we ons van 1996 tot 1999 de Italiaanse David Fontana herinneren, professor in educatieve psychologie aan de Universiteit van Wales in Cardiff.

Het is nog niet genoeg

De receptie van de officiële wetenschap was koud. Hermann Ludwig Ferdinand von Helmholtz, een Duitse arts, fysioloog en fysicus, een van de meest veelzijdige wetenschappers van zijn tijd die de bijnaam heeft "Kanselier voor Fysica", verklaarde dat hij nooit kon geloven in de overdracht van gedachten tussen verschillende mensen. Hij zou niet van gedachten zijn veranderd, ook al had hij het getuigenis van alle leden van de SPR gehoord, of had hij het met eigen ogen gezien.

We konden ons herinneren dat soortgelijke dingen werden gezegd voor de overdracht van spraak en beelden, totdat de radiogolven werden ontdekt. Misschien zal de ontdekking van "psychische golven", die op dit moment onbekend zijn in de gewone natuurkunde, mensen weer aan het denken zetten. Zoals we zullen zien, worden soortgelijke quantum "golven" al onderzocht.

Helaas is de wetenschap erg conformistisch en past iedereen zich aan aan de bestaande situatie, vooral als deze veel te verliezen heeft. De situatie in de onderzoekswereld is teleurstellend: serieuze studies naar buitenzintuiglijke percepties zijn nog maar heel weinig.

Als iemand zijn interesse wilde richten op het gebied van het paranormale, zou hij zeker geen financiering vinden en zijn carrière ernstig in gevaar brengen.

Gelukkig veranderen de dingen, zelfs als het langzaam gaat. Het negationistische materialisme is nu een achterhaalde doctrine. Er zijn echter nog steeds groepen die zich hardnekkig inzetten om het te verdedigen, zoals de laatste

Japanners in hun loopgraven, die de realiteit van een verloren oorlog nu niet willen accepteren.

Er zijn enkele recente ontdekkingen, zo onverwacht maar gedocumenteerd en bevestigd, die de overtuigingen van de fysica van de laatste eeuwen van streek brachten en het begrip van ESP-verschijnselen sterk kunnen beïnvloeden.

De onthullingen van de laatste jaren, vooral op het gebied van de kwantumfysica en in de studie van het universum, geven ons een heel andere kijk op de realiteit waarin we worden ondergedompeld. Ik vat hier wat nieuws samen, nuttig voor het begrijpen van de volgende hoofdstukken.

Het "junk-DNA"

In de moleculaire biologie wordt niet-coderend DNA gedefinieerd als elke DNA-sequentie die niet is onderworpen aan RNA-transcriptie, dat wil zeggen in de praktijk zonder enige bekende functie. Het schijnbare gebrek aan bruikbaarheid voor dit DNA heeft geleid tot het bedenken van de term junk-DNA-

Hoewel er verschillende hypothesen zijn geformuleerd, is het enige dat is vastgesteld dat ongeveer 98,5% van het menselijke genoom bestaat uit niet-coderende sequenties, dat wil zeggen rommel-DNA, schijnbaar nutteloos. Zelfs als we enkele verbeteringen overwegen, blijft het percentage DNA dat niet wordt gebruikt hoog (ongeveer 72,5%).

Relevante overeenkomsten tussen basenparen van menselijk DNA en die van vissen, honden of kippen zijn opgemerkt. Blijkbaar zijn er elementen van menselijk DNA die miljoenen jaren oud zijn voor soorten op het evolutionaire pad, maar ze zijn intact gebleven in hun nutteloosheid.

Maar heeft de evolutie ons niet geleerd dat wat nutteloos is in een soort wordt geëlimineerd of vervangen door verbeteringen? Het is daarom zeer waarschijnlijk dat al dit niet-coderende DNA een rol moet hebben die nog niet is opgehelderd, heel anders en waarschijnlijk meer is geëvolueerd dan die van normaal DNA.

Regeneratie van hersencellen

Neurobiologie, vanaf zijn oorsprong, heeft beweerd dat de hersenen van volwassen zoogdieren (dus ook van de mens) geen nieuwe zenuwcellen kunnen genereren. De hersenen gaan onverbiddelijk naar verval toe naarmate het tijdperk vordert.

Ongeveer twintig jaar geleden, met de ontdekking van hersenstamcellen, werd deze zekerheid weggevaagd en nu wordt het mogelijk geacht om de vorming van nieuwe neuronen in sommige gebieden van het volwassen brein. Tegenwoordig weten we, gebaseerd op experimenten met muizen, dat de hersenen tot 10.000 nieuwe neuronen per dag kunnen produceren.

De plasticiteit van dit essentiële orgel is enorm groter dan tot enkele tientallen jaren geleden werd gedacht. Dit leidt tot heroverweging van de werkelijke functie en mogelijkheden van het menselijk brein. In 1980 documenteerde het prestigieuze wetenschappelijke tijdschrift Science het geval van een patiënt die een behandeling onderging aan de University of Sheffield in Groot-Brittannië.

Bij die gelegenheid werd vastgesteld dat de patiënt, een jonge student, verstoken was van de hersenen. Desondanks had hij een IQ van 125, een waarde die absoluut boven het gemiddelde ligt. Sterker nog, hij was in staat om in wiskunde af te studeren met uitstekende cijfers. (Bron: R. Lewin, "Is Your Brain echt nodig?", Science 210, 1232-1234, 1980.)

We kennen veel andere gevallen van personen die, ondanks sterke hersenafwijkingen, erin slagen een redelijk normaal leven te leiden. Het geval van Michelle, een jonge vrouw uit Virginia, geboren zonder de linkerhelft van de hersenen, is bijvoorbeeld zeer bekend. Deze zaak is bestudeerd en gedocumenteerd door Jordan Grafman, directeur van de Cognitive Neuroscience Unit van Bethesda.

De CICAP publiceert op haar website een artikel waarin staat dat het verhaal van Michelle is verteld door wekelijkse en dagelijkse kranten als bewijs van het bestaan van neuronale plasticiteit of neurogenese. Volgens het CICAP-artikel is dit onzin; Neuronale plasticiteit heeft niets te maken met het verhaal van Michelle. Dit verhaal toont alleen het aanpassingsvermogen van een jong brein aan de omgeving.

Het zal aanpassingsvermogen zijn, het feit is dat Michelle heel goed leeft met slechts een half brein.

96% van het universum reageert niet op de oproep

Degenen die de ontwikkelingen van het astronomisch onderzoek volgen, kennen een waarheid. Toen men geloofde dat alles nu bekend was, bleek dat 96% van het universum is gemaakt van een materiaal waarvan we absoluut niets weten, behalve dat het bestaat.

Dit materiaal is niet zichtbaar, het is niet meetbaar, maar we weten dat het bestaat omdat als het er niet was, het universum niet kon werken hoe het werkt.

Tot dusverre zijn de ontdekkingen van het universum gebaseerd op voorspellingen, die juist zijn gebleken. Bijvoorbeeld, het bestaan van de neutrino en die van het Higgs-deeltje werden voorspeld. Deze voorspellingen werden bevestigd.

Vandaag wordt voorspeld dat er een deel van het universum bestaat dat gelijk is aan 96%, en dit deel wordt "donkere materie" genoemd omdat het onzichtbaar en niet meetbaar is. We wachten om te weten of deze voorspelling exact zal zijn,

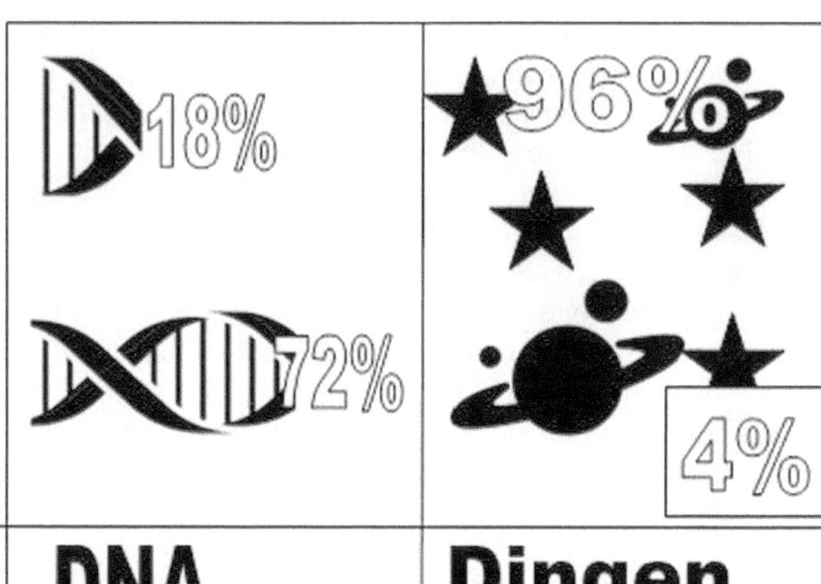

Figuur 3. Onze kennis van de wereld waarin we leven is nog steeds zo beperkt dat er maar heel weinig kan worden bevestigd en niets kan worden ontkend.

of dat het universum om een andere reden op deze manier werkt.

De verklaring van Lord Kelvin, een van de meest vooraanstaande natuurkundigen van zijn tijd, komt terug in onze herinnering. In 1900, toen Newton's mechanica en elektromagnetisme alle fysieke realiteit leken te verklaren, zei hij: "Er is niets nieuws te ontdekken in de wetenschap, en het enige wat je nog moet doen is nauwkeuriger metingen verrichten." Waarschijnlijk had hij in zijn tijd nog niet eens 1% van de realiteit ontdekt..

II. De ziel van de wereld

"Ik ben er eenvoudigweg van overtuigd dat een deel van het menselijke zelf of de menselijke ziel niet onderhevig is aan de wetten van ruimte en tijd."
(Carl Gustav Jung)

5 - Het bewustzijn van de eenheid van alles

Sinds de dageraad van het bestaan is het denken van de mens gefascineerd en betrokken geweest bij het concept dat schepping allemaal met elkaar verbonden is door een algehele band, die niet materieel maar boven het materiële staat.

Het heidendom en de eerste animistische religies geloofden dat elke realiteit, zelfs de eenvoudigste, een spirituele aanwezigheid bevatte, vaak verbonden met de ziel van het geheel.

Plato en de "Anima Mundi"

Een van de eersten die sprak van een universele ziel was Plato, een Griekse filosoof die leefde tussen 428 en 340 v.Chr. die het concept in de Timaeus hebben verkondigd en het hebben hersteld van oudere oosterse tradities. Plato schrijft:

> "Daarom moet volgens een waarschijnlijke stelling gezegd worden dat deze wereld werd geboren als een levend wezen dat echt begiftigd is met ziel en intelligentie dankzij de goddelijke voorzienigheid" (*Plato, Timaeus, hoofdstuk VI, 30b-30c*)

Zelfs Plato had zijn problemen met het materialisme, in die tijd vertegenwoordigd door een andere filosoof, Democritus, die leefde van 460 tot 370 voor Christus. Democritus bepleitte de these van atomisme. Dit proefschrift vertegenwoordigt de eerste vorm van denken volgens welke materie de enige substantie is en de enige oorzaak van dingen is.

Na de gedachte aan Plato, ook de filosoof van het christelijk geloof, te hebben overgenomen, schrijft Plotinus, die leefde in de derde eeuw, in zijn werk Enneidi:

"Dit universum is een uniek dier dat alle dieren
bevat, met slechts één ziel in al zijn delen"
(*Plotinus, Enneads IV, 4,32*).

Later kunnen we onderscheid maken tussen het westerse
denken en het oosterse denken.

De "Anima mundi" in de westerse cultuur

Lang na Plotinus spreekt ook Willem van Conches, een
twaalfde-eeuwse Franse scholastieke filosoof, die de gedachte
aan het christendom interpreteert waarmee hij verbonden is,
in deze termen over de ziel van de wereld:

"De ziel van de wereld is een natuurlijke energie
van wezens waarvoor sommigen alleen het
vermogen hebben om te bewegen, anderen om te
groeien, anderen om door de zintuigen waar te
nemen, anderen om te oordelen. [...] Je vraagt je af
wat die energie is. Maar, zoals het mij lijkt, die
natuurlijke energie is de Heilige Geest, dat is, een
goddelijke en weldadige harmonie, die waaruit alle
werkelijkheden de kracht van bestaand, bewegen,
groeien, voelen, leven, oordelen ontvangen. "

In de zestiende eeuw werd het concept van de ziel van de
wereld gesteund door Giordano Bruno, die zich inbeeldde dat
God zo aanwezig in de natuur was dat hij bevestigde dat de
natuur zelf God was.De filosoof Tommaso Campanella
beweerde ook dat alle elementen van de werkelijkheid een
geweten hebben.

Parallel aan de typische vormen van het Westen heeft het concept van de ziel van de wereld zich ook in het oosten ontwikkeld, in religies zoals het hindoeïsme, het boeddhisme of het taoïsme. Zelfs in deze religies of filosofieën heerst het idee dat het universum geanimeerd wordt door een unitaire en compacte kracht. In China is deze kracht de Tao, een verenigende activiteit van de kosmische dualiteit van yin en yang.

In de beroemde tekst Tao Te Ching beschrijft de meester Lao Tse de Tao als volgt:

> "Er is iets dat onduidelijk perfect is,
> en gaat vooraf aan de geboorte van hemel en
> aarde.
> Hoe rustig is het! En hoe leeg is het!
> Autonoom en ongewijzigd,
> cirkel in cirkels zonder obstakels,
> men kan hem de moeder van de wereld noemen.
> Je kent zijn naam niet.
> Ik noem het Tao
> En ik noem het -ma onvoldoende: - Fantastisch."

Jung becommentarieert deze passage in zijn essay over synchroniciteit, en citeert de geleerde Richard Wilhelm die Tao vertaalt met 'betekenis'.
De Tao vertegenwoordigt daarom de betekenis van dingen. Op dezelfde manier worden synchroniciteiten alleen zo als we een gevoel toeschrijven aan ogenschijnlijk niet-verbonden feiten. Dit gevoel is niet fysiek, het is de intuïtie van de psyche.

De Tao (*betekenis*) veroorzaakt dingen op een mistige, onduidelijke manier.

Zo onduidelijk, zo wazig zijn de beelden in hem!
zo mistig, dingen zijn zo onduidelijk in hem ...

....

Je zoekt het met je ogen en je kunt het niet zien,
dit betekent, uitgedrukt door een naam: wat is vlak.

Je strekt je oor en je hoort het niet,
dit betekent, uitgedrukt door een naam: de dunne
Je steekt je hand uit en begrijpt hem niet
dit betekent, met een naam: de onstoffelijke.

...

Het betekent de vorm zonder vorm, het beeld zonder iets.

Het betekent het vage verdwenen,
hij gaat hem tegemoet en zijn gezicht is niet gezien,
als je het volgt, kan je zijn rug niet zien.

Voor Hindoeïsme en Boeddhisme is deze kracht de Ātman, het principe van het individuele en innerlijke Zelf, onlosmakelijk verbonden met Brahman, het principe van de externe wereld.

6 - Het wonderbaarlijke feit van de West Side Baptist Church.

Op de koude avond van woensdag 1 maart 1950, zoals gebruikelijk, stonden leden van het koor van de West Side Baptist Church, gelegen aan het 488 West Court in de stad Beatrice, Nebraska, op het punt elkaar te ontmoeten.

Om 19.30 uur zouden ze de koorrepetities moeten beginnen. Gewoonlijk was geen van de vijftien ooit laat gearriveerd, uit respect voor de andere leden. Bovendien werd de verbintenis uitgevoerd met de verantwoordelijkheid van diegenen die geroepen zijn om voor de eer van God dienst te bewijzen.

Drie minuten voor de start, precies om 19.27 uur, toen de koormeester normaal op het podium stond met zijn toverstok in zijn hand, explodeerde de kerk. Stukken wanden en dak, meubels, stoelen en alle andere delen van de kamer werden tientallen meters rondgeslingerd. De oorzaak, toen vastgesteld door de brandweer, was een gasexplosie.

Door een ongelooflijk toeval werden alle vijftien zangers gered, omdat die avond niemand op tijd was gearriveerd. In het bijzonder, de dominee Reverend Walter Kiempel, zijn vrouw en dochter Marilyn Ruth hadden zich op het laatste moment gerealiseerd dat de kleding van zijn dochter een vlek had en tijd verspilde omdat de andere jurk gestreken moest worden.

Herb Kipf, een werknemer, moest een dringende brief voor het management van zijn bedrijf invullen en ging hem vervolgens in de postbus leggen om hem de volgende ochtend te sturen. Als gevolg daarvan kwam haar tante, Esther Stuermer, laat bij hem aan.

BEATRICE DAILY SUN

"If You Didn't See It in the Sun It Didn't Happen"

Member of the Associated Press

BEATRICE, NEBRASKA, SUNDAY, MARCH 5, 1950

Single Copy 5c

n Still : Gloomy : Picture

Rail, Phone, me Strike n Looming

Gas Is Blamed For Church Explosion

Find 2 Leaks In Main Not Very Distant

Gas May Have Followed Pipe Through Frozen Ground

Legal Snarls Signing Of (

Contract May Not Be Lewis Meets With

Happy Miners Toast Lewis; Rarin' To Go

Coal Diggers Elated Over Chance To Get Back To Work

Figuur 4. De eerste pagina van de Beatrice Daily Sun met het nieuws van de explosie.

Dorothy Wood, een jonge student, was druk bezig om haar zieke vader te helpen en had daarom problemen die de vertraging veroorzaakten.

Omdat hij niet ver van de kerk woonde, maakte hij altijd de reis te voet met de buurvrouw Lucille Jones die haar niet had zien aankomen, wachtte op haar.

Mevrouw Paul, de koordirigent, moest haar zoon helpen. Als gevolg daarvan kwamen zij en haar dochter Marilyn laat aan. Harvey Ahl was ook te laat om voor zijn kinderen te zorgen. Ladona Vandergrift, Royena Estes en Sadle Esh, die in dezelfde auto reisden, hadden mechanische problemen gehad.

Joyce Black had aanvankelijk besloten om die nacht niet uit te gaan, vanwege de kou maar ging toen naar de vergadering. Maar vanwege de besluiteloosheid was hij laat aangekomen.

Ten slotte had Leonard Schuster zijn moeder geholpen met het voorbereiden van een zendingsbijeenkomst en had hij niet gemerkt dat hij te laat was.

Door een reeks omstandigheden heeft geen van de vijftien leden van het koor de schade van de explosie geleden. Kan de zaak worden ingeroepen om deze ongelooflijke keten van toevalligheden te verklaren? In feite lijken de concidences iets te veel om als eenvoudige 'gevallen' te worden beschouwd.

Volgens Carl Gustav Jung, als toevalligheden zo vaak worden herhaald, zijn ze logisch en zinvol. De studie van toevalligheden die als significant worden gedefinieerd, bracht hem ertoe om de theorie van synchroniciteit uit te werken.

Synchroniciteit geeft het verband aan tussen twee of meer gebeurtenissen die zonder oorzaak plaatsvinden, dat wil zeggen, zonder dat iemand de ander heeft beïnvloed, gedurende een periode die het redelijk maakt om ze met elkaar te verbinden.

Figuur 5. Het gebouw van de West Side Baptist Church na de explosie vond plaats op 1 maart 1950.

In feite is er tussen de verschillende vertragingen van de zangers en de ontploffing van de kerk geen oorzakelijk verband: de explosie had de vertragingen niet kunnen veroorzaken, eenvoudig omdat het naderhand gebeurde.

Maar als de incidentie van alle vertragingen de reden van redding wordt voor vijftien mensen, dan kunnen we denken dat deze gebeurtenis speciale kenmerken heeft.

Als in onze fysieke realiteit niemand zou weten dat de kerk zou exploderen, was het misschien op een ander niveau van de werkelijkheid bekend. We spreken van een niveau waarin tijd en ruimte geen invloed hebben op gebeurtenissen of informatie.

Op een niveau zonder verleden en toekomst kan het bewustzijn van een gevaar en het gebeuren van hetzelfde hedendaags zijn.

Als het geweten in staat was om in deze dimensie te reizen, zou elk gevaar van tevoren bekend zijn en daarom kunnen worden vermeden. Helaas kunnen we deze reis niet maken. Echter, op mysterieuze wijze komt soms dezelfde informatie naar ons toe. In deze gevallen nemen we deel aan een onbekende wijsheid.

II. Synchroniciteit.

"Het leven is een spel dat omgekeerd werkt. De waarheid is dat alle situaties of omstandigheden waarin we betrokken zijn hun begin in onze geest hebben. Ons idee van wie we zijn, creëert wat we worden. Het goede nieuws is dat je je overtuigingen kunt veranderen en daarom kun je je leven veranderen. "
(Carl Gustav Jung)

7 - Carl Gustav Jung: synchroniciteit en collectief onbewust.

Een manier om de ziel van de wereld op een meer wetenschappelijke manier te definiëren, is deze te identificeren met het collectieve onbewuste dat door Jung is getheoretiseerd.

Carl Jung is een bekende psychoanalyticus, psychiater en antropoloog, geboren in Kesswil, Zwitserland, op 26 juli 1875.

Het collectieve onbewuste vertegenwoordigt een container van "ideeën", de archetypen. Het is als een hoger bewustzijn, waaraan alle individuele gewetens verbonden zijn, zodat ze de inhoud kunnen delen. (Zie fig. 6)

De archetypen in het collectieve onbewuste zijn de vormen en symbolen die zich manifesteren in alle volkeren van alle culturen. We kunnen er allemaal uit putten zonder het direct te ervaren.

Jung bouwt de theorie van het collectieve onbewuste op, te beginnen met het onderzoek naar de vreemde toevalligheden die alle mensen treffen.

Wanneer deze toevalligheden zich op zo'n significante manier manifesteren dat ze niet alleen als toevalsvruchten kunnen worden beschouwd, worden ze synchroon.

Ze kunnen niet langer worden beschouwd als het resultaat van toeval, maar ze hebben een hoger niveau van bewustzijn nodig om te worden verklaard.

Volgens de door Jung ontwikkelde theorie kan de menselijke psyche in drie verschillende lagen worden onderscheiden: het bewuste, het individuele onbewuste en het collectieve onbewuste. Het bewuste niveau bevat alle noties waarvan men zich volledig bewust is.

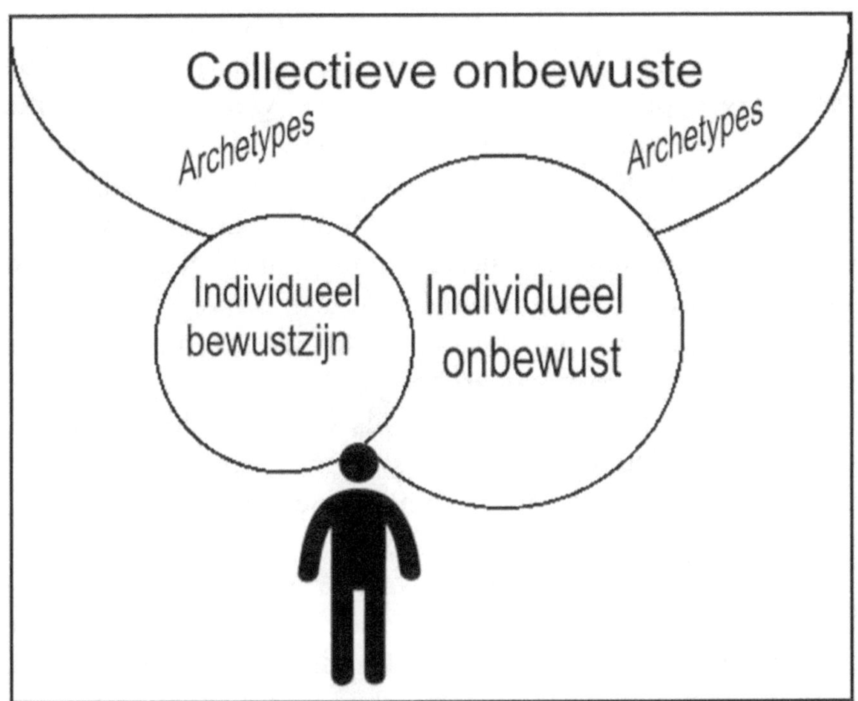

Figuur 6. Volgens Jung kan de menselijke psyche in drie lagen worden verdeeld: het bewustzijn, het individuele onbewuste en het collectieve onbewuste.

Volgens die teorie wat deur Jung uitgewerk is, kan die menslike psige onderskei word in drie verskillende lae: eers die bewuste, dan die individu bewusteloos en uiteindelik die kollektiewe onbewuste. Die bewuste vlak bevat al die begrippe waarvan die mens ten volle bewus is.

Het individuele onbewuste vertegenwoordigt die dimensie van de psyche waarvan men zich niet direct bewust is: instincten, gedachten, emoties, gedragsmodellen geplaatst aan de basis van het eigen handelen.

Het collectieve onbewuste bevat alle kennis van de mensheid, in de vorm van archetypen.

Synchroniciteit is een gebeurtenis waardoor de archetypen van het collectieve onbewuste naar ons individuele bewustzijn stromen, met significante effecten op onze realiteit.

In beide gevallen vermeld op de vorige pagina's, het bloedbad van Baruhill Street met Lisa Gannan en de ontploffing van de West Side Baptist Church waarbij de vijftien leden van het koor betrokken waren, kunnen we een synchronistische gebeurtenis identificeren.

Een dunne draad verbonden met hun leven had Lisa's redding kunnen bepalen. Dezelfde draad heeft inderdaad de redding van de koorzangers bepaald. We moeten ons afvragen: welke kracht, welk mysterie, wat zit er aan de andere kant van de dunne draad?

Echt, de inhoud van deze gevallen laat je toe ze te identificeren als synchronistische afleveringen? Laten we proberen de twee gebeurtenissen in detail te onderzoeken, om te zien hoe ze zich van eenvoudige willekeurige toevalligheden in synchroniciteit veranderen.

Een paar dagen voor het bloedbad schrijft Lisa Gannan enkele onthutsende, disharmonische verzen over haar vrolijke en zonnige temperament.

Een leraar op de middelbare school leest de verzen voor en vraagt Lisa de reden voor zo'n droefenis. Lisa antwoordt dat ze niet weet, de verzen kwamen spontaan in me op.

De aflevering kan als een triviale willekeurigheid worden beschouwd. (Zie figuur 7)

Enige tijd later, zonder enig verband met het schrijven van de droevige verzen, gebeurt de slachting waarin Lisa haar leven verliest. Zelfs deze aflevering, op zich genomen, vertegenwoordigt slechts een geschiedenis van hetzelfde als al diegenen die gebeuren, elke dag, in de wereld. (Zie afb. 8)

Elk afzonderlijk beschouwd, hebben de twee feiten geen verband tussen beide. Noch feit was de oorzaak van de ander.

We proberen echter de twee afleveringen samen te overwegen.

Degenen die de feiten hebben meegemaakt, kunnen een logisch verband leggen, zoals we hebben gedaan.

Als de twee afleveringen verbonden zijn door een "gevoel", zijn ze niet langer triviaal, maar worden ze betekenisvol. (Zie figuur 9)

De feiten die met elkaar verbonden zijn zoals in de figuur vertegenwoordigen een synchroniciteit. In figuur 10 kunnen we zien hoe synchroniciteit is opgebouwd.

Geconfronteerd met het feit dat Lisa gewaarschuwd was voor het dreigende gevaar, kunnen we ons afvragen waarom ze gewaarschuwd was, en de andere slachtoffers niet.

	Lisa Gannan schrijft ongewoon triest verzen die de dood op te roepen	Het is een triviale causaliteit, te wijten aan een moment van "zwarte humor"

	Malcolm Baker betreedt het huis van Thomas Gannan en doodt zes mensen	Een geval van zwarte Kroniek hoe zo velen gebeuren

	Lisa Gannan schrijft ongewoon triest verzen die de dood op te roepen	In het licht van wat er binnenkort zal gebeuren, beschouwen we het als een Voorgevoel
	Malcolm Baker betreedt het huis van Thomas Gannan en doodt zes mensen	De gebeurtenis die plaatsvindt, bevestigt het voorgevoel van Lisa Gannan

Figura 7. *O fato de Lisa escrever alguns versos, como costumava fazer, não deve parecer incomum, exceto porque são versos incomuns para seu temperamento.*

Figuur 8. *Ook het bloedbad veroorzaakt door Malcolm Baker, waarbij hij ook zijn zoon vermoordt, valt in de categorie van misdaadnieuws.*

Figuur 9. *Door de twee feiten samen te bekijken, worden Lisa's verzen een voorgevoel en het bloedbad is de bevestiging.*

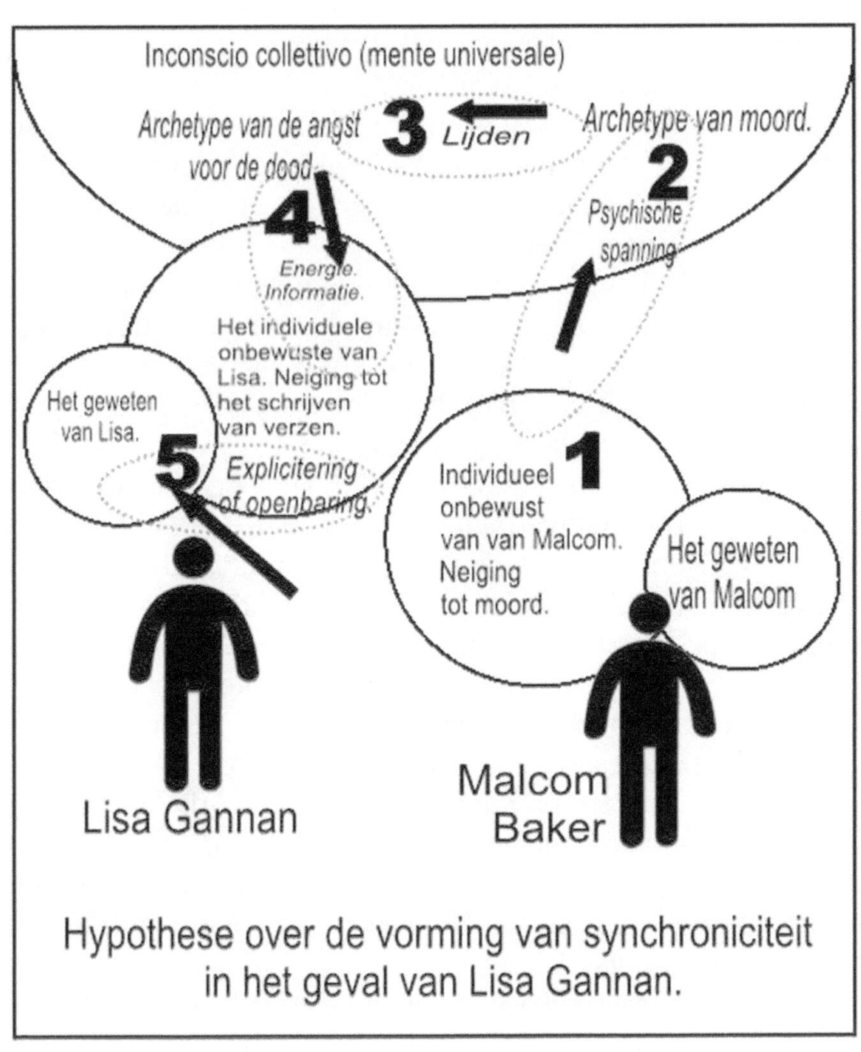

Figuur 10. Hoe de synchroniciteit van Lisa Gannan werd gevormd.

In feite, in het geval van Lisa, leerden we alleen de verzen kennen dankzij het getuigenis van de leraar dat ze ze had gelezen. Anders hadden we nooit enig idee gehad, omdat dezelfde Lisa hen geen enkel belang had gegeven.

Helaas was de aanwijzing van Lisa labiel en onderhevig aan het oplossen in zijn geheugen. We kunnen ons voorstellen dat anderen voorgevoelens hebben ontvangen, maar deze zijn niet in aanmerking genomen.

Laten we figuur 10 onderzoeken. Het stelt eenvoudig een hypothese voor gebaseerd op de theorie die Jung heeft uitgewerkt. Het is duidelijk dat dit een vereenvoudigde reconstructie is, gericht op het begrijpen van de betrokkenheid van de verschillende lagen van bewustzijn.

In punt 1 'zwelt' het individuele onbewuste van Malcolm Baker met moorddadige intentie. Misschien neemt hij dit, op het niveau van zijn geweten, nog niet waar. Echter, in het onbewuste, de thuisbasis van oerinstincten en emoties, versterkt de beslissing van de moord. Dit creëert een spanningsveld in de harmonie van zijn psyche.

In punt 2 gaat de spanning terug naar het collectieve onbewuste en prikkelt het archetype van moord.

In punt 3 creëert opwinding een lijdensveld tussen het archetype van moord en het archetype van angst voor de dood; de laatste genereert een veld van energie en informatie waardoor het het alarm doorgeeft aan het individuele onderbewustzijn van Lisa.

Op punt 4 verwerkt Lisa's onbewuste informatie met de hulpmiddelen die ze heeft, om het voor haar geweten begrijpelijk te maken. Een instrument dat aanwezig is in zijn onbewuste is de neiging om poëtische verzen te schrijven. De informatie wordt met behulp van deze tool uitgewerkt.

Op punt 5 wordt de informatie aan het geweten uitgelegd door verzen te schrijven. Maar Lisa begrijpt de echte betekenis niet, ze stelt alleen dat "ze spontaan kwamen".

Krachtvelden en aanpassing van de werkelijkheid

Het is belangrijk op te merken dat we herhaaldelijk de term 'veld' hebben gebruikt om een spanningsveld aan te duiden, een veld van lijden en een informatieveld. We zullen grotendeels terugkeren naar het concept van velden in de volgende hoofdstukken.

Een ander belangrijk ding is de "transformerende actie" die de synchroniciteit heeft uitgeoefend op het karakter van Lisa, ervoor zorgend dat een meisje met een zonnige en vreugdevolle aard poëtische verzen van diepe droefheid schreef. Transformatie is mogelijk omdat het krachtveld zowel informatie als energie bevat.

Figuur 11. Op zichzelf is de explosie niets anders dan het voor de hand liggende gevolg van een gaslek.

Synchroniciteit in het geval van de koorzangers gered door de explosie

In het geval van de ontploffing van de West Side Baptist Church, die we nu zullen onderzoeken, zal de transformatie gecreëerd door de synchroniciteit veel duidelijker zijn. In feite zal in dit geval de synchroniciteit komen om de realiteit fysiek te transformeren, wat onverwachte vertragingen in de avond van alle vijftien zangers tot gevolg heeft.

Zelfs in dit geval, als we de redenen voor de vertragingen één voor één onderzoeken, kunnen we zien dat dit triviale zaken zijn, zoals iedereen bij elke gelegenheid zou kunnen overkomen. In figuur 12 zien we een aantal van hen.

Selfs in hierdie geval, as ons een vir een die redes vir die vertragings ondersoek, kan ons sien dat dit onbenullige gevalle is, aangesien dit enigsins met enigiemand kan gebeur. In Figuur 12 sien ons sommige van hulle.

Op zich zijn deze vertragingen niet absoluut toe te schrijven aan de ontploffing die pas daarna zal plaatsvinden, zelfs al is het maar een paar minuten later. De explosie wordt op zichzelf gerepresenteerd, zonder enige relatie van oorzaak met de vertragingen, in de afbeelding hierboven. (Zie Fig. 11)

Als we echter bedenken dat alle vijftien zangers een vertraging hebben opgetekend (wat absoluut ongebruikelijk is, aangezien ze normaal allemaal op tijd waren), realiseren we ons dat dit niet langer een eenvoudig geval is.

Het samenvallen van vijftien vertragingen vond plaats op het moment dat de kerk op het punt staat te ontploffen, belangrijk wordt en ons zonder enige twijfel een synchroniciteit laat voorstellen. (Zie fig 13)

Ook in dit geval kunnen we in figuur 14 (op een voorbeeldige manier) de stappen reconstrueren die de vorming van de synchronistische episode verklaren.

Om vertragingen te creëren, intervenieerde de synchroniciteit in het gevoelige universum van de koorzangers en genereerde de gebeurtenissen (vertragingen) die hun redding veroorzaakten.

Figuur 12. Enkele vertragingen. Eén voor één worden alle vertragingen die afzonderlijke zangers van de explosie hebben gered, beschouwd als triviale willekeur.

	Pastor Walter Kiempel, vrouw en dochter vertragen.	Aangezien alle vertraging is het een significant toeval
	HHarvey Ahl vertragingen.	Aangezien alle vertraging is het een significant toeval
	Ladona Vandergrift, Royena Estes en Sadle Esh vertraging	Aangezien alle vertraging is het een significant toeval
	Joyce Black vertragingen.	Aangezien alle vertraging is het een significant toeval
	Herb Kipf en tante Ester vertragen.	Aangezien alle vertraging is het een significant toeval
	Dorothy Wood en Lucille Jones vertragen.	Aangezien alle vertraging is het een significant toeval
	Leonard Schuster vertragingen.	Aangezien alle vertraging is het een significant toeval
	Mevrouw Paul en haar dochter Marylin vertragen.	Aangezien alle vertraging is het een significant toeval
	Om 19.30 uur moeten de zangproeven beginnen. Om 7.27 uur explodeert de kerk.	Alle Deze Toevalligheden Geven Dat een synchroniciteit heeft plaatsgevonden.

Figuur 13. Het feit dat alle vertragingen samen zijn opgetreden, op een geheel ongebruikelijke manier, suggereert dat het een reeks van belangrijke toevalligheden is voor de verbinding tussen hen en voor de gelijktijdigheid met de ontploffing van de ke

Ook in dit geval kunnen we commentaar geven op de vorming van synchroniciteit, de bron van redding voor de koorzangers. In punt 1 genereert de mogelijke explosie van de kerk een spanningsveld met het archetype van de tragedie in het collectieve onbewuste van het universum.

We moeten vaststellen dat de explosie nog niet heeft plaatsgevonden in ons fysieke niveau van de werkelijkheid, maar het is alsof het al aanwezig was in het niet-fysieke niveau van het collectieve onbewuste, waar geen grenzen zijn aan tijd of ruimte.

In punt 2 genereert het archetype van de tragedie in het collectieve onbewuste een veld van lijden dat het archetype van de redding in gevaar alarmeert.

In punt 3 genereert het archetype van redding een veld van kracht gericht op het gevoelige universum van koorzangers. Dit krachtenveld bevat niet alleen informatie, maar ook energie. Zoals we zullen zien, bevatten alle sterktevelden energie en informatie.

In punt 4 manifesteert het krachtveld zich in het gevoelige universum van koorzangers door transformaties van hun werkelijke situatie. Het veld induceert in elke situatie een vorm van vertraging die de gebeurtenissen van de avond wijzigt

Het is niet ongebruikelijk om deze modificaties of transformaties van het waargenomen gevoelige universum waar te nemen. Jung definieert ze als "numineuze gebeurtenissen". Het woord numineus betekent "omringd door een aura van heiligheid, om samen angst en eerbied te veroorzaken".

Van de voorbeelden die Jung in zijn werken noemt, kunnen we een paar noemen, die wijzen op een fysieke interventie van synchroniciteit op het gevoelige universum van wie die ervaring ervaart.

Figuur 14. Hypothese op de vorming van synchroniciteit in het geval van de ontploffing van de West Side Baptist Church.

Onder die voorbeelde wat Jung in sy werke aangehaal het, kan ons 'n paar noem wat 'n fisiese intervensie van sinchronisiteit aan die sensitiewe heelal van wie die ervaring ervaar, aandui.

Wanneer de realiteit fysiek wordt beïnvloed

Een klassieker is zeker de aflevering van de scarabee. In zijn essay "Synchronicity as a principle of aetic nexuses", gepubliceerd in 1952, beschrijft Jung de gebeurtenis als volgt:

> "Een jonge patiënt had een droom, op een beslissend moment van behandeling. In de droom ontving ze een gouden scarabee als een geschenk. Terwijl hij me deze droom vertelde, zat ik en keerde mijn rug naar het gesloten raam.
>
> Plots hoorde ik een geluid achter me, alsof er zachtjes tegen het raam sloeg. Ik draaide me om en zag een gevleugeld insect dat vanaf de buitenkant tegen het raam sloeg.
>
> Ik opende het raam en ving het insect op. Het was de analogie die het dichtst bij een gouden scarabee lag die ik kon vinden op onze breedtegraden, dat wil zeggen een scarabeid, een *Cetonia aurata,* de gemeenschappelijke kever van rozen.
>
> Klaarblijkelijk had het insect zich op dat moment gedwongen gevoeld om, in tegenstelling tot zijn gewoonten, in een donkere kamer binnen te dringen. Ik moet hieraan toevoegen dat een dergelijke zaak nooit eerder of zelfs daarna met mij was gebeurd; zelfs de droom van die patiënt is een uniek feit gebleven in mijn ervaring. "

In het volgende verklaart Jung de gebeurtenis in psychotherapeutische termen en beschrijft hij hoe de episode effectief bleek te zijn voor het herstel van de patiënt. In feite is de kever een klassiek symbool van wedergeboorte.

Bij een andere gelegenheid, dat wil zeggen, in een brief geschreven in 1945 en gericht aan Prof. J.B. Rijn van Durham, VS, beschrijft Jung een soortgelijke aflevering:

> "Ik ga met een patiënt in het bos wandelen. Ze vertelt me de eerste droom van haar leven, een droom die haar een onuitwisbare indruk gaf. Hij had een vos gezien, hij had haar de trap af gezien van het huis van zijn ouders.
>
> Op dat moment, nog geen veertig meter van ons vandaan, komt er een vos uit de bomen en loopt een paar minuten rustig op het pad voor ons uit. Het dier gedraagt zich alsof het onze menselijke conditie deelt ... "

We moeten ons afvragen: Cetonia aurata was er, klaar om op het raam te slaan als de patiënt sprak over de kever in een droom?

En de vos was daar precies, klaar om uit te komen voor de twee die liepen terwijl de patiënt haar droom vertelde?

Het verhaal van de twee dromen genereerde twee synchroniciteiten die de fysieke werkelijkheid van de patiënten en van Jung zelf veranderden. Ze beleefden zeker momenten van pathos, diep ondergedompeld in het verhaal dat werd versterkt door het echte psychische lijden van de patiënten.

Deze situatie, in de twee gevallen. heeft een "spanningsveld" opgewekt dat in staat is om een synchroniciteit te beginnen.

Wat betreft het feit dat, als de vos en Cetonia echt waren waar ze werden gezien, een theorie zou beweren dat, in beide gevallen, de synchroniciteit de macht had om het tafereel in een ander universum te verplaatsen, een van de mogelijke oneindige, waarin de vos en Cetonia waren echt aanwezig.

8 - Synchroniciteit als een agent van transformatie van de werkelijkheid

Volgens Jung werkt synchroniciteit door de archetypen in het collectieve onbewuste. We hebben eerder gezien dat het collectieve onbewuste van Jung een andere manier is om een hogere psychische werkelijkheid te definiëren, die sinds de oudheid de ziel van de wereld werd genoemd. Op deze pagina's hebben we het ook gedefinieerd als een universele geest.

Nu, ter ondersteuning van de theorie van Jung, kunnen we zien hoe alle entiteiten die verwijzen naar de ziel van de wereld transformatoren zijn. Elke menselijke relatie met de 'ziel van de wereld', op welke manier we het ook willen noemen, brengt een verandering met zich mee op het psychische niveau en vaak ook op het fysieke niveau.

Fysieke transformatie. Gebed en genezing

Om een onmiddellijk begrijpelijk voorbeeld van fysieke modificatie te presenteren, zou ik kunnen verwijzen naar gebeden gericht tot de hemel voor de genezing van de zieken of om andere genaden te verkrijgen, een praktijk die vaak verrassende resultaten geeft.

Elke healing kan worden beschouwd als een synchroniciteit die wordt gecreëerd tussen twee feiten losgekoppeld in tijd en ruimte, het gebed van iemand ergens gelegen en de genezing van iemand anders ergens anders.

Het is duidelijk dat elke genezing het gevolg is van een verbeterende, vaak belangrijke, transformatie van de ziekte.

Volgens de theorie van het collectieve onbewuste kunnen we de synchroniciteit beschouwen als een verbinding tussen de verlangens uitgedrukt door het individuele geweten en de hogere sfeer van de Anma van de wereld, waaruit de 'genaden' voortkomen.

Vanzelfsprekend, voor hen die de Ziel van de wereld met "God" identificeren, komen genadegaven van God, maar theologie leert ons dat God in zijn interventies altijd de middelen gebruikt die al aanwezig zijn in de schepping, zonder toevlucht te nemen tot bovennatuurlijke middelen.

In dit verband lezen we een passage uit een preek van dominee Marco de Felice (God maakt het onmogelijke, Handelingen 12). De voorganger geeft aldus commentaar op de vrijlating van Petrus uit de gevangenis waar hij op bevel van Herodes gevangen was gezet (Handelingen 12):

> Plotseling scheen er licht in de kerker. Er stond een engel van de Heer bij hem. Hij stootte Petrus in zijn zij om hem wakker te maken. Hij zei tegen hem: "Sta snel op!" De boeien vielen van Petrus' handen.

> Een ding dat me opvalt aan deze tekst is dat de engel het aan Peter vertelt om het binnenkort te doen. Hoewel God almachtig is en alles kan doen, moest Petrus zich haasten.

> Een ding wat my oor hierdie teks raak, is dat die engel aan Petrus vertel om gou te doen. Alhoewel God almagtig is en alles kan doen, moet Peter haastig wees.

> God had de wachters zeker in slaap kunnen laten vallen, of zelfs sterven, en Peter de tijd gegeven om rustig uit te gaan. Maar meestal doet God niet wonderbaarlijk wat gedaan kan worden met de natuurlijke middelen die God al heeft voorzien. "

Bovendien, als iemand zich tot het geloof wendt om genezing te vragen, raadt elke eerlijke operator haar aan eerst naar een goede dokter te gaan.

Als iemand daarentegen tot een exorcist (christen) wendt om bevrijd te raken van demonische invloeden, zal hij eerst de uitnodiging ontvangen om een goede psychotherapeut te raadplegen.

Natuurlijk zijn genezingen niet de enige transformaties van de fysieke realiteit. We hebben al in veel eerdere gevallen onderzocht dat er geen grens is aan de aanpassingen van het gevoelige universum die synchroniciteit mogelijk maken. Hieronder kunnen we zeker alle telekinese-fenomenen opnemen.

Verlangen en intentie

Sprekend over de synchroniciteit als hulpmiddel voor de positieve oplossing van menselijke behoeften, hebben we in de vorige passage het verlangen naar genezing en de werkelijk gerealiseerde genezing overwogen

Een nauwkeuriger woord voor het uiten van het begrip 'verlangen' is *intentie*, zoals Jung het gebruikt, maar ook, meer recent, Deepak Chopra in zijn boeken.

Volgens Chopra wordt elke activiteit van het universum gegenereerd door intentie. In de Vedische traditie is intentie een natuurlijke kracht omdat het alle elementen en krachten in balans houdt die het universum in staat stellen te blijven evolueren.

In de veertien *Upanisads* van de Veda's, Indiase religieuze en filosofische teksten gecomposeerd in het Sanskriet vanaf de IX-VIII eeuw voor Christus, wordt gezegd:

> "Je bent wat je diepste wens is.
> Net zoals uw wens is, zo is uw intentie.
> Net zoals je bedoeling is, zo is je wil.

Net zoals je wil is, zijn ook je acties.
Net zoals je acties zijn, zo is je lot ".
(*Brhadaranyaka Upanisad, IV, 4,5*)
"Jy is wat jou diepste begeerte is.
Net soos u begeerte is, so is u voorneme.
Net soos u bedoeling is, so is u wil.
Net soos jou wil is, so is jou optrede.
Net soos jou optrede is, so is jou lot. "
(*Brhadaranyaka Upanisad, IV, 4,5*)

9 - Omdat het niet altijd gebeurt

Hoewel er pogingen zijn gedaan om het fenomeen van synchroniciteit in het laboratorium te onderzoeken met behulp van wetenschappelijke methoden, is dit altijd ongrijpbaar gebleken.

Een laboratoriumbevestiging geeft aan dat het verschijnsel, onder bepaalde omstandigheden, gewoonlijk voorkomt, dat herhaaldelijk reproduceerbaar is, met een slagingspercentage boven het voorspelbare statistische gemiddelde.

Voorbeeld: als ik een munt gooi, kan het resultaat een kop of een kruis zijn. Ik gooi dus een munt en probeer het resultaat te raden. Natuurlijk is een enkele lancering niet genoeg om een statistiek samen te stellen.

Als ik de munt een voldoende aantal keren gooi, zeg 10.000 lanceringen, kan ik het resultaat statistisch gezien in 50% van de gevallen raden.

Als ik het resultaat in plaats daarvan 6000 keer vind, concludeer ik dat ik voorkennis zou kunnen hebben. Dit komt omdat ik de resultaten, voordat ze voorkomen, weet in hoeveelheden boven het statistische gemiddelde

Als ik 9.000 raden, heb ik bijna de zekerheid dat ik speciale krachten heb.

Als ik 10.000 keer op 10.000 raden, en ik herhaal de test meer dan eens met hetzelfde succes, dan zal iedereen de zekerheid hebben dat ik buitengewone voorkennisvaardigheden heb raden.

Natuurlijk orthodoxe wetenschappers zullen zeggen dat, zelfs als ze het niet kunnen vinden, er zeker een truc is omdat er geen precognitieve krachten zijn.

Figuur 15. Een statistische evaluatie van de resultaten kan worden verkregen als we een munt lanceren. Bij een voldoende groot aantal munt lanceringen het resultaat in 50% van de gevallen worden geraden.

De belangrijkste reden waarom synchroniciteit niet altijd voorkomt, is het ontbreken van de voorafgaande voorwaarde die nodig is om het voor te doen, dat wil zeggen emotie of genegenheid.

Emotionele betrokkenheid

De episodes van synchroniciteit manifesteren zich het meest op de meest kritieke momenten in ons leven. Normaal gesproken heeft ons geweten de neiging om onze psychische situatie 'onder controle te houden' en te voorkomen dat het individuele onbewuste de situatie onder controle kan krijgen.

We zeggen normaal dat "we onszelf duidelijk willen zien", daarom richt ons geweten een muur op die alle bijdragen van het persoonlijke onbewuste en van de collectieve remt of filtert. Deze bijdragen zijn meestal symbolisch, onduidelijk of irrationeel

Maar soms zijn er in het leven moeilijke tijden die ons verbazen en van streek maken. Moeilijkheden verzwakken het vermogen om ons bewustzijn te beheersen. Wanneer gebeurtenissen te moeilijk worden om te beheren, neigen we ons over te geven aan het lot. Jung merkt op dat in deze gevallen genegenheid de overhand heeft boven redeneren:

> "Elke emotionele toestand veroorzaakt een wijziging van het bewustzijn, een wijziging die Pierre Janet heeft gedefinieerd als" abaissement due nivea mentale ".
>
> Dit betekent dat er een zekere vernauwing van het bewustzijn is, en tegelijkertijd een versterking van het onbewuste. Dientengevolge valt het bewustzijn onder de heerschappij van onbewuste en instinctieve impulsen ".

Om dit proefschrift te bevestigen, citeert Jung de auteur Alberto Magno van *De mirabilibus mundi*. In dit werk verwijst Alberto Magno naar de tekst *Naturalia* van Avicenna. Hier wordt gesteld dat er in de menselijke ziel een zekere eigenschap (*virtus*) bestaat van het veranderen van dingen. Het hele individu is onderworpen aan *virtus*, vooral wanneer hij lijdt aan een overdaad aan liefde of haat.

> "Als de ziel van een man ten prooi valt aan een grote overmaat aan een of andere passie, kan experimenteel worden vastgesteld dat dit overschot op magische wijze de dingen beperkt en verandert in de richting waarnaar het overschot neigt. [...]
>
> Eigenlijk is de emotiviteit (affectio) van de menselijke ziel de hoofdwortel van alle dingen. Wie dit geheim wil weten, moet weten dat iedereen alles magisch kan beïnvloeden, als het ten prooi valt aan een grote overmaat ... "

Synchroniciteit treedt op wanneer emotionele betrokkenheid aanwezig is. Dit wordt bevestigd door het feit dat buitenzintuiglijke verschijnselen zoals telepathie en voorgevoeligheid aanzienlijk vaker voorkomen bij mensen die verbonden zijn door vriendschap of verwantschap, met een maximale piek tussen moeders en kinderen.

De zwakke signaaltheorie

Toen we ons afvroegen waarom Lisa Gannan een voorgevoel had ontvangen en de andere slachtoffers dat niet, kwamen we tot de conclusie dat waarschijnlijk de anderen het ook hadden gekregen, maar ze hadden het niet kunnen herkennen.

Na parapsicologia, nos referimos à teoria do sinal fraco, uma das teorias mais antigas que foi elaborada. Provavelmente não há harmonia entre a fonte do sinal e nosso "aparelho receptor".

Net als bij een radioapparaat kunnen we, als we de radiofrequentie veranderen, stations ontvangen waarvan we niet eens konden vermoeden dat ze bestaan. In ons bewustzijn zouden veel 'informatiestations' meer ontcijferbaar worden als we zouden weten hoe we ons op hun golflengte moeten afstemmen.

IV. Psychische kosmos

"Wat mij betreft, ik schijn een jongen te zijn die op het strand speelt en af en toe een steen of schelp mooier vindt dan gewoonlijk, terwijl de grote oceaan van waarheid nog steeds onbekend is voor mij."
(Isaac Newton, Principia)

Ieder van ons, wanneer hij zich ervan bewust wordt geplaatst te worden in een wereld die hem omringt en op de een of andere manier zijn bestaan conditioneert, vraagt zich af wat de reden voor zijn aanwezigheid is.

De belangrijkste vragen zijn: Waarom besta ik? Wat doe ik hier? Hoe kan ik deelnemen aan de grote komedie / farce / tragedie van het leven? Om deze vragen te beantwoorden, kunnen we drie bestaansniveaus configureren: het fysieke, het kwantum- en het niet-lokale niveau.

Het fysieke niveau van het bestaan

Het is het materiële niveau, dat is het niveau van de wereld zoals we het zien en hoe we het ervaren met onze zintuigen. Op dit niveau hebben we vertrouwen omdat alle dingen een gewicht en een dimensie hebben, een begin en een einde, een voor en na, dat is een precieze locatie in tijd en ruimte.

Alle verschijnselen gerelateerd aan onze ervaring, zoals dag en nacht, schoonheid en slecht weer, de geboorte en dood van alles, de opeenvolging van de seizoenen, fysieke gewaarwordingen zoals honger, dorst, pijn en plezier, ze maken deel uit van het fysieke niveau.

De fysieke wereld is onherroepelijk verbonden met mechanisme en met wetten van oorzaak en gevolg. Alles gebeurt als gevolg van een andere gebeurtenis.

Door de kracht van de gebeurtenis die deze heeft gegenereerd te meten, heeft de nieuwe gebeurtenis ook voorspelbare en meetbare gedragingen en produceert deze op zijn beurt voorspelbare en meetbare gebeurtenissen.

In 1977 lanceerden de Verenigde Staten twee Voyager-sondes voor de verkenning van het externe zonnestelsel. De

Voyager 2-sonde observeerde Jupiter, Saturnus, Uranus en Neptune.

Passend naast elke planeet ontving de sonde, vanuit de zwaartekracht van die planeet, de duw om de reis naar de volgende voort te zetten. Dit gebeurde omdat we op aarde wisten hoe we precies de zwaartekracht van de verschillende planeten moesten berekenen.

Op deze manier was het mogelijk om precies de krachten te berekenen die nodig zijn om de reis naar de volgende bestemmingen voort te zetten.

In de jaren vijftig schreef Alan Turing in zijn boek "Calculating Machines and Intelligence":

> "De verplaatsing van een enkel elektron met een miljardste van een centimeter, op een bepaald moment, zou het verschil kunnen betekenen tussen twee heel verschillende gebeurtenissen, zoals het doden van een man vanwege een lawine, of zijn redding, een jaar later. "

Stel je een pooltafel voor met een reeks biljartballen op het tapijt. (Zie Fig. 16).

Op ons fysieke niveau hebben we absolute zekerheid dat geen bal zal bewegen als hij niet door een ander wordt aangeduwd, met de actie van een speler.

In de figuur zal de bal B zeker bewegingsloos blijven totdat deze wordt geraakt door de bal A. We kennen de kracht en het traject van de bal A en het gewicht van de andere ballen, we kunnen met absolute precisie bepalen met welke kracht de bal zal bewegen B, de lengte en richting van het pad.

Voor deze berekeningen zijn geen krachtige computers vereist. Elke goede biljarter weet hoe hij deze berekeningen moet maken zonder enige technologische ondersteuning

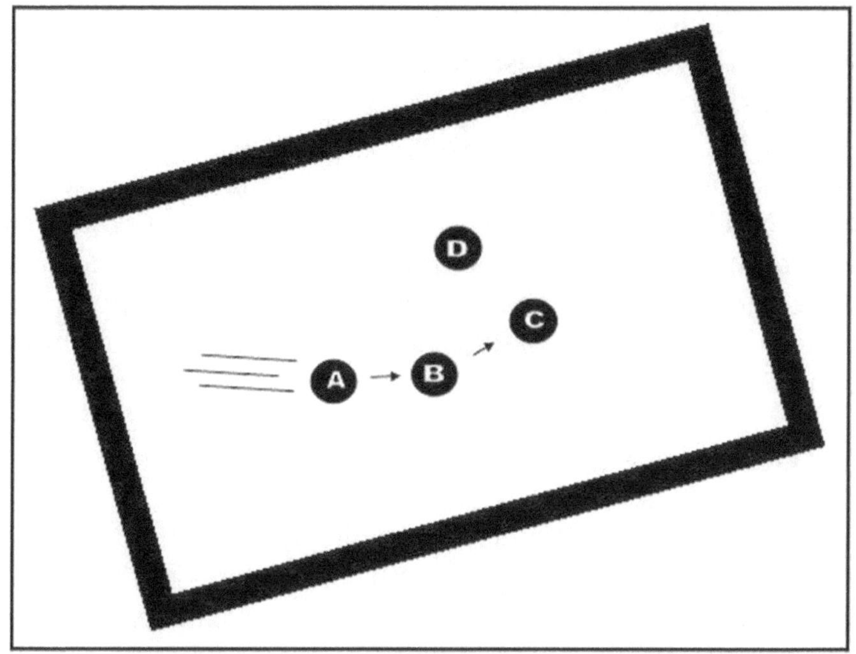

Figuur 16. In een pooltafel beweegt geen bal als hij niet wordt ingedrukt, en in dit geval zijn de sterkte en de richting ervan evenredig met de ontvangen stuwkracht.

We kunnen ook voorspellen hoe de andere ballen die mogelijk door de bal worden geraakt, zullen bewegen.

In 1972 noemde Edward Lorentz zijn lezing: "Kan een vlinder zijn vleugels in Brazilië laten klappen en een tornado in Texas veroorzaken?"

In de hedendaagse wetenschappelijke wereld, waar alles in het laboratorium kan worden gewogen, gemeten en bepaald, een wereld die alleen maar van materie is gemaakt, geplaatst in een dimensie waar de tijd alleen naar voren loopt, zou het antwoord "ja" zijn. De berekening van de eigenschappen van de tornado zou mogelijk zijn, als we maar genoeg krachtige computers hadden.

Het kwantumniveau

Op dit niveau heeft niets een schijnbare substantie, dat wil zeggen dat niets door de vijf zintuigen kan worden waargenomen. Met onze aanraking kunnen we de realiteit van het kwantumniveau niet aanraken, noch kunnen we de samenhang ervan voelen. Op dezelfde manier kunnen we het niet zien, ruiken of proeven.

De kwantumwereld voorziet in een niet-fysieke dimensie die al het ontastbare deel van onszelf bevat: onze gedachten, onze hoop, onze verlangens, praktisch alles dat ons ego en ons Zelf vormt. (Zie Fig. 17).

Het ego vertegenwoordigt ons verwijzend naar onszelf. Het Zelf vertegenwoordigt onszelf en onze relatie met alle werkelijkheid die ons omringt, dat wil zeggen de reeks elementen waarnaar we verwijzen als we willen beschrijven wat we zijn.

We weten dat onze gedachten en gevoelens, de spirituele relaties die ons binden met onze naaste en onze ambities niet solide zijn, we kunnen ze niet tussen onze vingers houden.

Figuur 17. Het ego vertegenwoordigt onze strikt persoonlijke sfeer (geadresseerd aan de binnenkant), terwijl het zelf, gericht aan de buitenwereld, de heelheid van onszelf vertegenwoordigt in relatie met het universum dat ons omringt.

Desondanks twijfelen we er niet aan dat ze bestaan. Maar materie zou niet kunnen zijn als het niet geanimeerd zou zijn door de energie en informatie op het kwantumniveau.

In feite is materie energie, volgens Einstein's vergelijking E = mc2. Deze vergelijking geeft aan dat de energie gelijk is aan de massa vermenigvuldigd met de snelheid van het gekwadrateerde licht.

We kunnen wederkerig zeggen dat energie massa is, dus massa energie is. In werkelijkheid komt alle materie in het universum van de oorspronkelijke oerknal, een grote explosie van energie.

Omdat we massa zien maar we zien geen energie, zijn we gewend te geloven dat de eerste belangrijker is.

In werkelijkheid zou een universum dat alleen aan massa is toevertrouwd niet kunnen werken omdat de massa inert is. Zoals we in het voorbeeld van biljart hebben gezien, kan massa (een bal) alleen bewegen als energie en informatie hem de stuwkracht geven en de richting aangeven.

Tegelijkertijd kunnen we zeggen dat energie materie nodig heeft om zichzelf bloot te leggen: elke energie, rijk aan alle informatie in de wereld, heeft de samenwerking van materie nodig om zijn potentieel te tonen.

Het universum varieert van het oneindig grote tot het oneindig kleine. Onze gevoelige wereld is gemaakt van materie die aggregeert, van zeer klein tot zeer groot. Elk lichaam vertegenwoordigt een complex systeem, samengesteld uit subsystemen, dwz kleinere lichamen. (Zie Fig. 18).

- Het universum is een systeem dat bestaat uit subsystemen, de sterrenstelsels.

- De sterrenstelsels zijn gemaakt van sterren en planeten.

- De planeten zijn gemaakt van rotsen, water, mineralen en levende wezens.

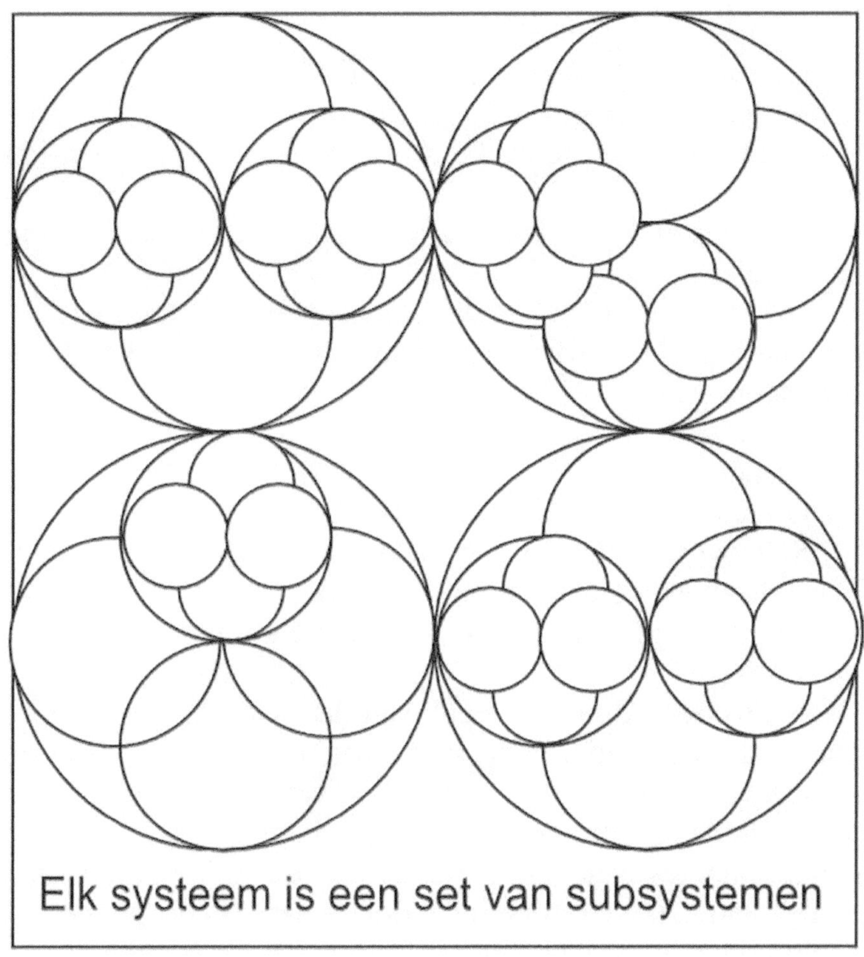

Figuur 18. Elk systeem, van het oneindig grote tot het oneindig kleine, is samengesteld uit subsystemen. Zelfs in de deeltjesfysica, dat wil zeggen, in het oneindig kleine, weten we niet zeker of we het laatste niveau van verdeling hebben bereikt.

- Levende wezens zijn samengesteld uit organen (huid, botten, ingewanden, enz.).
- Organen zijn gemaakt van cellen.
- Cellen zijn gemaakt van moleculen.
- Moleculen zijn gemaakt van atomen.
- Atomen zijn gemaakt van protonen, neutronen en elektronen.
- Die heelal is 'n stelsel wat bestaan uit substelsels, die sterrestelsels.
- Die sterrestelsels word van sterre en planete gemaak.
- Die planete word gemaak van rotse, water, minerale en lewende wesens.
- Lewende wesens bestaan uit organe (vel, bene, ingewande, ens.).
- Organe word van selle gemaak.
- Selle word gemaak van molekules.
- Molekules word van atome gemaak.
- Atome word gemaak van protone, neutrone en elektrone.

Tot dusverre kunnen we geloven dat materie, ongeacht de mate van aggregatie, onderworpen is aan de wetten van de natuurkunde. De verschillende delen van de materie kunnen met elkaar communiceren met behulp van fysieke communicatiekanalen, waarvan de kracht wordt verzwakt met toenemende afstand. Materie is ook onderworpen aan de pijl van tijd, die alleen naar voren beweegt.

In zijn bewegingen kan materie de snelheid van het licht niet overschrijden. Zelfs informatie die wordt uitgewisseld door fysieke middelen kan die snelheid niet overschrijden.

Als een cel informatie naar een andere cel verzendt, zal deze informatie enige tijd nodig hebben om zijn bestemming te bereiken en mag de snelheid de limiet van 300.000 km per seconde niet overschrijden.

In de kleinere dimensies, van de elektronen naar beneden ... veranderen de dingen.

Onder de elektronen vinden we de elementaire deeltjes. Voorlopig zijn twee typen bekend. Het kan als volgt worden onderscheiden:

- de deeltjes met massa, dwz de fermionen (quarks, elektronen en neutrino's, allemaal uitgerust met massa)

- de krachtdeeltjes, dwz de bosonen: deze deeltjes zijn dragers van de fundamentele krachten die in de natuur bestaan.

We kunnen de bosonen in de fotonen en gluonen groeperen, zonder massa, en in de W- en Z-bosonen, met massa.

Op het niveau van elementaire deeltjes zijn alle fysische wetten die materie reguleren niet meer geldig en zijn we getuige van extreem vreemd gedrag, zoals we zullen zien wanneer we het hebben over kwantumverstrengeling.

Sterker nog, je kunt niet eens vaststellen of de elementaire deeltjes echt deeltjes zijn of dat het eerder golven zijn die trillen.

Om een voorbeeld te geven, als we een steen in de vijver gooien, kunnen we de steen beschouwen als een deeltje en de rimpelingen van het water als een golf. Andere voorbeelden van trillende golven zijn licht of muziek.

De conclusie is simpel: het boek dat je aan het lezen bent lijkt je begiftigd met substantie en stevig in je handen, omdat je het bekijkt met de ogen ingeschakeld voor de visie van de fysieke wereld.

Als in plaats daarvan je ogen in staat waren om de kwantumwereld te zien, zou het boek je als trillende informatie verschijnen. Het zou een "niets" zijn dat danst in een universum gemaakt van trillingen. Je zou waarschijnlijk niet begrijpen dat het een boek is.

Soos Nietsche gesê het: "Diegene wat gedans het, was deur diegene wat nie na musiek kon luister nie, so gek gesien."

Figuur 19. De elementaire deeltjes dansen op het geluid van instrumenten die onbegrijpelijk zijn voor onze oren.

Ongelukkig word ons ore nie gemaak om die musiek wat die deeltjies laat dans, te sien nie. (Sien Figuur 19).

De wereld op kwantumniveau bestaat niet uit objecten, maar uit informatie in energie.

Gelukkig voor onze overlevingsbehoeften, zien onze ogen de werkelijkheid op haar fysieke niveau en niet op het kwantumniveau. Dit betekent niet dat de kwantumrealiteit niet bestaat. Niet alleen is er, maar de aanwezigheid ervan heeft buitengewone effecten op ons.

Wijzelf zijn gemaakt van elementaire deeltjes, dat wil zeggen van energie en trillingen. Op het kwantumniveau zijn er geen grenzen meer van ruimte en tijd en dansen onze vibraties samen met de vibraties van het hele universum: onze energie deelt en wordt gedeeld door alle energie van het universum.

Onze energie neemt met name deel aan de 'intenties' van de energie die om ons heen trilt. Hoe vaak hebben we ons in een bepaalde situatie ongemakkelijk gevoeld, zonder te weten waarom? Het is mogelijk dat we later te weten kwamen dat de andere aanwezigen verdeeld waren door gevoelens van wrok.

Als we soms gevoelens hadden als "de spanning was erg hoog", komt dat omdat we een negatief informatieveld zijn binnengegaan dat ons individuele veld van bewustzijn beïnvloedde.

Om te begrijpen hoe onze vibraties worden gecombineerd, op het kwantumniveau, met die van de omringende werkelijkheden, proberen we ons een atoom voor te stellen, rekening houdend met het feit dat we volledig uit atomen zijn gemaakt.

Welk idee heb je ter grootte van een atoom? Je wist zeker dat het erg klein was, maar je hebt je niet voorgesteld dat het zo leeg was als het uit figuur 20 blijkt.

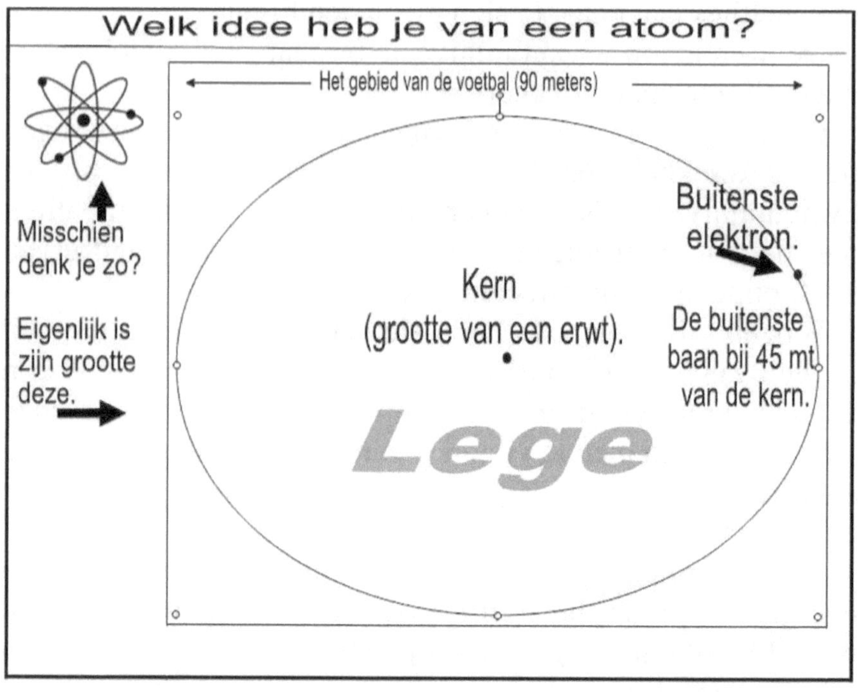

Figuur 20. Als de kern van een elektron zo groot was als een erwt in het midden van een voetbalveld, zou zijn buitenste elektron in een baan draaien aan de rand van het veld. Tussen de elektronen en de kern ... immense ruimtes van leegte.

Figuur 21. Het niet-lokale niveau, dat we op veel manieren kunnen noemen volgens studies en culturen, bevat alle energie en informatie in het universum. Wij dragen zelf ook bij aan het vormen van informatie op niet-lokaal niveau.

Stel je een atoom voor alsof het een immens grotere kern had dan de werkelijkheid, laten we zeggen de grootte van een erwt, en het midden in een voetbalveld plaatsen dat, zoals gezegd, een lengte van 90 meter meet. In dit geval zou het buitenste elektron naar de grenzen van het veld gaan. In het midden, naast een paar andere elektronen, het vacuüm.

Als we dit in overweging nemen, kunnen we begrijpen wat er gebeurt als we een vast object aanraken. Onze indruk is dat het object meer of minder hardheid bezit, dat wil zeggen, het weerstaat de druk van onze aanraking.

In de praktijk is het alleen ons gevoel, omdat de atomen van ons lichaam en die van het object gemengd zijn, net zoals twee wolken in de lucht kunnen botsen, of twee rookwolken die uit twee naburige schoorstenen komen.

Deze mix genereert ook delen. De trillingen en informatie van de atomen van ons lichaam verspreid in het lichaam van het aangeraakte voorwerp, en omgekeerd.

Op het kwantumniveau is er een voortdurende uitwisseling van informatie en energie tussen ons en de objecten die ons omringen, en deze op hun beurt wisselen energie met ons uit. Energie bevat ook informatie.

Op quantumniveau wordt een continue uitwisseling van energie en informatie gerealiseerd. Er is geen individualiteit meer, maar een geheel dat alles deelt.

Het niet-lokale niveau

Het derde niveau van bestaan is het rijk van het niet-lokale niveau. Er is geen tijd of ruimte op dit niveau. Het is gedefinieerd als niet-lokaal omdat het nergens kan worden gevonden. Het is niet in de hemel of op aarde: het is niet in ons, noch buiten ons. Eenvoudig, het bestaat.

Figuur 22. Op niet-lokaal niveau zijn er geen grenzen aan ruimte of tijd. De realiteit is niet gebonden aan de wetten van causaliteit die het fysieke niveau domineren.

Het is een virtueel rijk dat we kunnen vergelijken met het collectieve onbewuste van Jung. Hier leven de informatie en de energie van het hele universum samen en delen ze alles.

Dit niveau is een gebied met puur potentieel. Het is de plaats die het hele universum regeert, omdat het het hele universum kent. (Zie Fig. 21). In het universum is er geen informatie en krachten die niet in het niet-lokale rijk verblijven.

Het niet-lokale niveau herbergt alle intelligentie van het universum. Organiseer en beheer het hele universum. Creëert en verdeelt de energie die de fysieke wereld vormt.

Hoe doen we hieraan mee?

Eenvoudig, wij maken er deel van uit. De energieën, de velden van kracht, de trillingen waaruit we zijn samengesteld, voorbij wat we waarnemen in onze fysieke dimensie, zijn een integraal onderdeel van het niveau van niet-lokaliteit.

Ze dialogeren met alles, participeren in de creatie en distributie van de energieën van het universum. We zijn geen subjecten, maar deelnemers aan een niet-lokale realiteit.

We kunnen niet veel waarnemingen doen over niet-lokale realiteit. Het kan nuttig zijn Larry Dossey te vermelden, een geleerde die verschillende boeken over dit onderwerp heeft gepubliceerd.

Volgens Dr. Dossey heeft niet-lokaliteit drie kenmerken.

Allereerst worden de gebeurtenissen die plaatsvinden in het niet-lokale niet bemiddeld door derde elementen. Dit betekent dat ze niet door causaliteit zijn verbonden, maar elke gebeurtenis is onafhankelijk van de anderen. Ze kunnen echter met elkaar binden en coördineren, net als de gebeurtenissen die deel uitmaken van een synchroniciteit.

Bovendien worden gebeurtenissen niet verzwakt en zijn ze onmiddellijk, dat wil zeggen, hun kracht blijft hetzelfde (neemt niet af) ongeacht de afstand die ze scheiden, zowel in ruimte als in tijd.

We kunnen ons een gesprek voorstellen tussen twee mensen, een die duizenden jaren geleden in Afrika leefde en een die tegenwoordig leeft in het Noordpoolgebied. Het interview zou plaatsvinden alsof ze nu beiden in de buurt waren. Ze zouden gemakkelijk met elkaar praten. De stem het zou niet moeten in de ruimte reizen, alles zou gebeuren in een eeuwig "samen". (Zie Fig. 22).

Hoe kan dit allemaal nuttig voor ons zijn? Het kan ons zeker helpen begrijpen dat vele verschijnselen, zoals buitenzintuiglijke waarnemingen, die door de officiële wetenschap onmogelijk worden geacht, mogelijk worden op het kwantumniveau en zelfs meer op het niet-lokale niveau.

De synchroniciteit van Jung is gebaseerd op gebeurtenissen die geen causale verbanden tussen hen hebben, dat wil zeggen dat elk van de gebeurtenissen waaruit een synchroniciteit bestaat geen relatie heeft met de anderen, behalve het gevoel dat hen wordt toegeschreven door degenen die ze waarnemen.

Als gevolg hiervan valt synchroniciteit niet onder het gebied van de officiële wetenschap. In feite gaat de wetenschap momenteel alleen in op gebeurtenissen die een relatie tussen hen hebben, die gebaseerd is op het principe van oorzaak / gevolg.

Hoewel andere wetenschappers de mogelijkheid van het bestaan van andere vormen van verbinding in het universum hebben voorgesteld, andere dan die gebaseerd op causaliteit, zijn hun ideeën afgedaan als pseudo-wetenschappelijk en zijn ze niet in overweging genomen.

Vóór de komst van het tijdperk genaamd "Âge des Lumières" werd groot belang gehecht aan de begrippen affiniteit, harmonie en sympathie, nuttig om delen van de werkelijkheid met niet-fysieke banden te verbinden.

Met de komst van de Âge des Lumières werden deze relaties volledig genegeerd totdat men zich realiseerde dat banden en onzichtbare krachten echt bestaan.

De belangrijkste ontdekking was de aantrekkingskracht uitgeoefend door de zwaartekracht. Als gevolg van de bekende anekdote van de appel die voor hem viel, werkte Newton de drie wetten van de dynamiek uit.

Volgens de eerste wet blijft een lichaam stationair of beweegt het op een rechtlijnige manier, totdat een kracht ingrijpt die zijn baan wijzigt. Deze kracht is zwaartekracht. De maan zou bijvoorbeeld verloren gaan in de ruimte als deze niet in zijn baan zou worden gehouden door de zwaartekracht die door de aarde wordt uitgeoefend. Hetzelfde zou gebeuren met de aarde, als deze niet onderhevig was aan de zwaartekracht van de zon.

Na de zwaartekracht was het de beurt aan magnetisme, dat wil zeggen de kracht die aantrekking of afstoting uitwijst tussen twee lichamen met een bepaalde elektrische lading.

De theorie werd uitgewerkt door Michael Faraday die het bestaan van "krachtlijnen" tussen een magneet en het aangetrokken metaal voorstelde. Het was toen James Clerk Maxwell, met zijn vergelijkingen, om aan te tonen dat elektriciteit, magnetisme en licht allemaal manifestaties zijn van hetzelfde fenomeen: het elektromagnetische veld.

Vanaf dat moment is het begrip veld meer en meer van het huidige gebruik in de natuurkunde geworden. We moeten er echter op wijzen dat het concept niet alleen in de natuurkunde wordt gebruikt.

Het begrip veld kan worden uitgebreid tot vele andere relaties, zelfs buiten de natuurkunde, zoals geïllustreerd in figuur 23. Om te beginnen is deze term altijd een aanwijzing geweest voor een stuk grond dat is onderworpen aan cultivatie, in die zin dat het veld is de plaats waar de actie van de boer wordt uitgeoefend.

We kunnen accepteren, voor het veldconcept, deze definitie: "plaats waar de specifieke actie van een onderwerp wordt uitgeoefend"

Dan kunnen we concluderen dat het onderwerp kan zijn, bijvoorbeeld een boer, of een fysiek principe zoals zwaartekracht of magnetisme. Het kan ook een psychisch principe zijn, zoals synchroniciteit.

Er wordt een utilitair krachtveld gecreëerd tussen de boer en zijn grond. We zien het niet, maar we beseffen dat het bestaat uit het zien van de vruchten van de oogst.

Een zwaartekrachtveld wordt gecreëerd tussen de aarde en de maan. .

Figuur 23. Vertegenwoordiging van verschillende vormen van het krachtveldconcept.

We zien het niet, maar we realiseren ons dat het bestaat omdat de maan niet wegloopt in de kosmos maar zich blijft omdraaien rond de aarde.

Een magnetisch veld van kracht wordt gecreëerd tussen een magneet en een stuk metaal. We zien het niet, maar we realiseren ons dat het bestaat omdat het metaal wordt aangetrokken door de magneet.

Een psychisch krachtenveld wordt gecreëerd tussen het individuele bewustzijn en het universele bewustzijn. We zien het niet, maar we beseffen dat het bestaat omdat onverklaarbare verschijnselen gebeuren met de fysische wetten die op dit moment bekend zijn.

In Jungiaanse psychotherapie wordt vaak de term "archetypisch veld" gebruikt. Het verschil tussen de psychische en de fysieke velden is dat de fysieke velden goed kunnen worden gedefinieerd en in de ruimte kunnen worden geplaatst en zijn begiftigd met hun eigen energie.

Bovendien zenden fysieke velden signalen uit die, door informatie te verplaatsen en te dragen, de snelheid van het licht niet kunnen overschrijden.

Anderzijds zijn psychischekracht velden niet-lokaal, dat wil zeggen dat ze niet precies in tijd en ruimte kunnen worden gelokaliseerd,

Psychische velden verzenden informatie die geen snelheids- of tijdslimieten heeft. Deze velden zijn gelijktijdig aanwezig in ruimte en tijd. Zoals we later zullen zien, hebben ze quantumeigenschappen.

De berg van vloeken

Toen de Israëlieten, geleid door Giosuè, het Beloofde Land binnengingen, begonnen zij hun verovering door alle steden van de inwoners van de plaats te belegeren en te vernietigen.

Toen ze Ai's stad bereikten, dacht Joshua dat de stad te klein was om het hele leger te gebruiken en besloot ze een paar soldaten te sturen. Maar de inwoners van Ai kwamen uit de muren en doodden ze.

Wanhopig vroeg Joshua Jawe om hulp. Zijn god vertelde hem dat de nederlaag kwam door de ontrouw van het volk van Israël. Maar toen troostte hij hem en stelde hij de juiste strategie voor om de stad Ai te veroveren.

Het leger van Joshua ging dicht bij de muren staan en bleef verborgen. Een groep soldaten voerde een aanval uit en Ai's inwoners, denkend aan het herhalen van het vorige succes, verlieten de stad en achtervolgden hen op het platteland.

Dit liet de overgebleven troepen toe om de nog niet verdedigde stad binnen te gaan en te veroveren.

Door de overwinning begreep Joshua dat elke ongehoorzaamheid zijn volk een nederlaag zou berokkenen, en herinnerde hem aan wat Jaweh had voorgeschreven, door middel van Mozes:

> "Als de Heer God jullie in het land heeft gebracht dat jullie gaan veroveren, moeten jullie de zegen uitspreken op de berg Gerizim en de vervloeking op de berg Ebal. *(Dt 11:29)*.

De twee bergen liggen tegenover elkaar, in de vallei van Sichem, nu bekend als de vallei van Nablus. De moderne Arabische naam van de berg Garizim, die 881 meter bereikt, is Jebel at-Tur. Mount Ebal is het hoogst, 940 meter en komt overeen met de huidige Gebel Eslamiyeh.

Dus, in gehoorzaamheid aan Jaweh, organiseerde Joshua een epische en grootse ceremonie. Alle mannen van zes Israëlitische stammen, Ruben, Gad, Aser, Zabulon Dan en Neftali, trokken de berg Ebal op om de vloeken te verkondigen; de andere zes geascendeerde de berg Garizim om zegeningen te verkondigen.

Iedereen die vanaf dat moment de wet van God zou hebben gerespecteerd, moest gezegend worden. Dientengevolge, moest men hen vervloeken die het niet zouden doen.

De Ark van het Verbond en de Levitische priesters stonden in het midden van de vallei. Toen ze schreeuwden luidop een zegen uit te roepen, reageerden de stammen op de berg Garizim met een geroep dat in de vallei naar beneden kwam booming: "Amen! Amen! "

De stammen op de berg Ebal deden hetzelfde toen de vloeken werden afgekondigd. Met deze rite wilden de Israëlieten een context van zegening en vloek creëren waarin de hele natuur, van de valleien tot de toppen van de bergen, was betrokken. De effecten van dat ritueel zouden in de loop van de tijd bestendigd zijn totdat de bergen zelf daar waren gebleven om te getuigen.

We kunnen ons de omvang van deze gebeurtenis voorstellen, met tienduizenden mensen op de twee bergen. Inderdaad, de emotionele participatie van zoveel menselijkheid moest dat "veld van kracht" creëren dat moest worden gevestigd in een dimensie die nog hoger is dan de geschreven wet, een eeuwige kracht, onverwoestbaar en niet langer aanpasbaar.

Het bad in de rivier de Ganges

Dat was niet het enige moment waarop krachtvelden, over het algemeen gunstig voor de mensheid, worden gecreëerd door menselijke participatie.

De Indiase mythologie vertelt dat Ganga (vandaar de naam van de rivier de Ganges), dochter van de bergkoning Himavan, de macht had alles wat ze aanraakte zuiver te maken.

Dit is waarom, volgens de hindoes, de rivier heilig is. Ze geloven dat je minstens een keer in je bestaan moet baden in de Ganges.

Veel Hindu families houden thuis een Santa Ganga waterfles. Iedereen gelooft dat dit water de ziel van een persoon kan reinigen van alle zonden en zelfs de zieken kan genezen.

Om de zes jaar verzamelen hindoeïstische gelovigen zich aan de samenvloeiing van de Ganges met twee andere rivieren, de Yumana en de Saraswati, om de viering van de Ordh Kumbh Mela te vieren, aan het einde waarvan de ceremonie van de Shahi Snan plaatsvindt, of het zuiveringsbad.

Een ceremonie ongelooflijk rijk aan pathos. Duizenden en duizenden Hindoes dompelen zichzelf onder in de rivier voor het bad dat de ziel geneest. Het stromende water is doordrenkt van hun geloof en weerkaatst het als genezende kracht over de hele schepping.

Het is duidelijk dat deze ceremonie ook voor ongelovigen zorgt om emoties van een onmetelijke intensiteit te ervaren. Zeker, alle deelnemers zijn betrokken bij een krachtig mystiek krachtenveld.

Tientallen miljoenen mensen, sommigen die lijden aan infectieziekten en zelfs lijken van mensen en dieren, raken de wateren van de rivier de Ganges. Blijkbaar heeft niemand verrassend genoeg ooit ziektes opgelopen door het te baden of te drinken.

Een vergelijkbaar mystiek gebied van genezende kracht kan worden gevonden in vele andere bronnen van water, zoals in Lourdes.

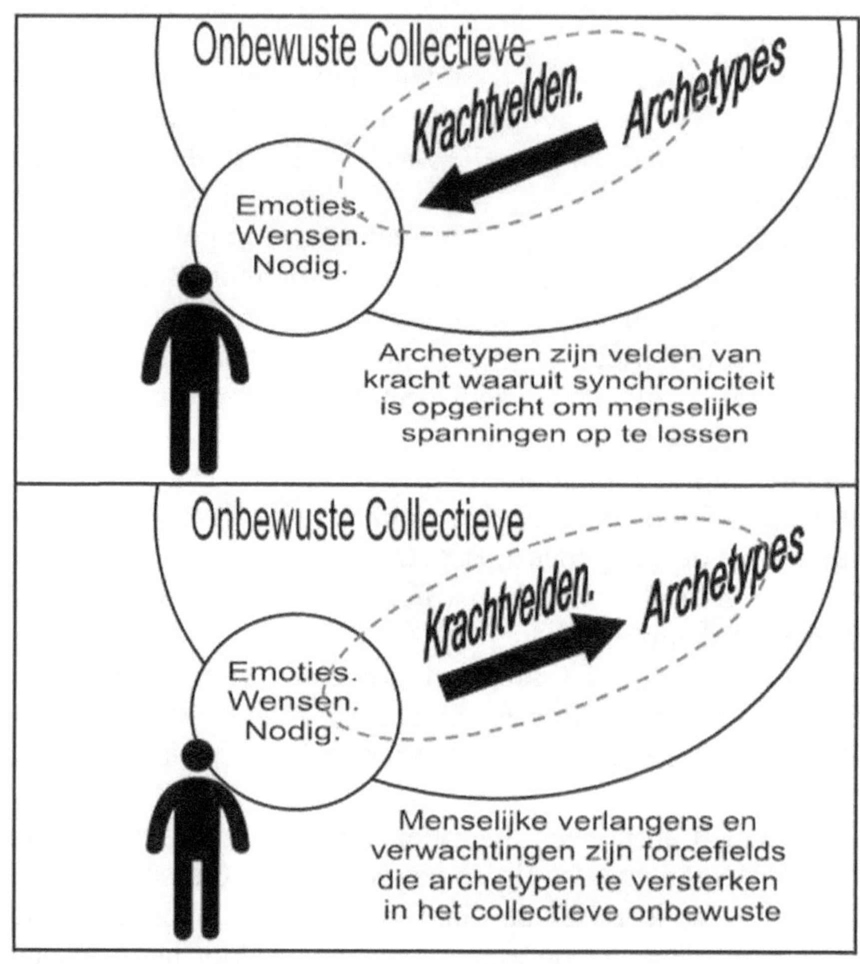

Figuur 24. Wederzijdse versterking tussen de intenties die opkomen naar de niet-lokale en de synchroniciteiten die daaruit voortvloeien.

Volgens Jung vertegenwoordigen de archetypen de aangeboren en vooraf bepaalde ideeën van het menselijke onbewuste. Ze verblijven in het collectieve onbewuste en ze zijn echte centra van psychische energie.

Ze komen spontaan voor in de geest van individuen, vooral in tijden van lijden als gevolg van een crisis of transformatie.

De feiten van synchroniciteit komen tot stand dankzij de verbinding tussen wat de psyche van een persoon verzamelt uit het collectieve onbewuste en wat hij ervaart in de externe wereld.

Ondanks dat ze aangeboren zijn en alle geschiedenis en menselijke ervaring bevatten, worden de archetypen versterkt als de menselijke soort evolueert.

Hoe meer krachtvelden worden gegenereerd door de menselijke psyche, hoe meer het archetype van referentie wordt geconsolideerd in het collectieve onbewuste.

In die zin kunnen we zeggen dat de verlangens van de mens worden gevormd door die universele geest die we collectief onbewuste noemen. Op zijn beurt wordt de universele geest gevormd door de krachtvelden die worden gegenereerd door verlangens en verwachtingen, dat wil zeggen door menselijke intenties. Synchroniciteit werkt in beide richtingen.

Rupert Sheldrake is een Britse bioloog en essayist die vooral bekend is vanwege zijn theorie van morfische velden of vormvelden. Het kenmerk van deze velden is dat ze geen verwijzing naar de klassieke natuurkunde hebben, dwz ze zijn niet mechanistisch, maar worden geregeerd door onbekende wetten. In zijn boek *The extended mind* vertelt:

> "Het was tijdens de periode dat ik onderzoek deed naar de ontwikkeling van planten aan de universiteit van Cambridge dat ik tot de conclusie kwam dat levende organismen door velden worden georganiseerd.
>
> Hoe groeien planten van de eenvoudige embryo's in de zaden tot gardenia's, sequoia's of bamboe? Hoe nemen de bladeren, bloemen en vruchten hun eigen karakteristieke vormen aan?
>
> Het meest naïeve antwoord is te zeggen dat alles genetisch is geprogrammeerd. In sommige opzichten volgt elke plant of elk dier in ontwikkeling de instructies in zijn genen.
>
> Het probleem met deze theorie is dat we eigenlijk weten wat genen doen: ze coderen de aminozuren waaruit de eiwitmoleculen bestaan.
>
> Genen zorgen ervoor dat cellen op het juiste moment de juiste eiwitten produceren als het lichaam zich ontwikkelt. Maar het hebben van de juiste eiwitten verklaart niet de vorm van een bloem of de structuur van een muis. Waarom ontwikkelt die structuur zich op die manier? Niemand weet het. Dit is een van de belangrijkste onopgeloste problemen van de biologie.

In de afgelopen veertig jaar zijn enorme inspanningen geleverd om genen te bestuderen en hun activiteit te volgen. Er is veel gedetailleerde informatie beschikbaar, maar dit betekent niet dat je de ontwikkeling van een muis of een ander organisme begrijpt.

Om te zeggen dat cellen, weefsels en organen zichzelf eenvoudig organiseren, betekent dit dat als alle materialen op het juiste moment op een bouwlocatie worden afgeleverd, het gebouw zichzelf en de juiste vorm zou bouwen.

Uiteraard zijn dingen niet zo. Gebouwen worden niet op zichzelf gebouwd, maar worden gebouwd volgens een project. Uiteraard zit het project niet vervat in bouwmaterialen: het is een ruimtelijk idee, een informatiesysteem dat aan materialen ontbreekt. "

Sinds de vorige eeuw zijn veel biologen, die de ontwikkeling van levende organismen bestuderen, tot de conclusie gekomen dat het werk van de genen niet genoeg is, en dat er naast de planning van de benodigde materialen een organisatorisch systeem moet bestaan dat de ontwikkeling volgt.

Er wordt aangenomen dat het systeem is gebaseerd op velden, de *zogenaamde morfogenetica*. In de wiskundige modellen die werden voorbereid om de ontwikkeling van organismen te bestuderen, werd de figuur van attractoren geïntroduceerd. *Attractors* zijn de doelstellingen, dat wil zeggen, de doelen waarnaar ze neigen en waarnaar de morfogenetische velden duwen.

Deze attractoren bevinden zich in niet-gespecificeerde ruimtes die wiskundigen "basins of attraction" noemen, en hebben het vermogen om elk organisme aan te trekken en te

112

dirigeren in de richting van ontwikkeling die geschikt is voor zijn soort en geslacht.

Daarom wordt de ontwikkeling van een muis gevormd door het morfogenetische veld van muizen en die van een madeliefje uit het morfogenetische veld van madeliefjes.

Oké, maar waar zijn deze velden? Hoe wegen ze, hoe meten ze?

Absolute duisternis heerst hierover. Hier moeten dan zelfs de wiskundige modellen van de ontwikkeling van een eenvoudig madeliefje hun toevlucht nemen tot het onbekende, om uit te leggen hoe het madeliefje wordt gevormd.

Het wordt verplicht om te accepteren dat naast fysieke velden zoals het elektrische veld en het magnetische veld, er niet-fysieke en niet-lokale velden zijn, dat wil zeggen velden die niet meetbaar zijn. Bovendien is niet bekend waar deze velden zijn of waar ze vandaan komen.

Laten we eens kijken naar een mens, man of vrouw, 30-40 jaar, 1,75 meter lang en met een gewicht van 70 kg. De chemische samenstelling ervan zal zijn:

water 59%, gelijk aan 41,4 kg
19% eiwit, gelijk aan 13 kg
17% vet, gelijk aan 12 kg
mineralen 4%, gelijk aan 3 kg
1% koolhydraten, gelijk aan 0,6 kg
sporen vitaminen 3-5 g

Denk je dat je, door deze elementen in een shaker te plaatsen en te schudden zoals je wilt, een man zou krijgen? Nee. Zelfs mensen worden niet "toevallig" geassembleerd, maar volgens de instructies van een morfogenetisch veld. (Zie Fig. 25).

Figuur 25. Het is niet voldoende om alle materialen naar de bouwplaats te brengen om een gebouw te maken. We hebben een project nodig. Dit zit echter niet in de materialen.

Hoe werken morfogenetische velden?

In werkelijkheid weet niemand het. Rupert Sheldrake, vertrekt vanuit het idee dat dit velden zijn van een soort dat nog niet door natuurkundigen is erkend. Daarom stelt het drie eigenschappen voor.

De eerste is duidelijk, het morfogenetische veld is een project dat processen regelt die anders willekeurig zouden zijn.

Bij afwezigheid van een morfogenetisch veld dat (of eerder verplicht) aandrijft, zou de ontwikkeling van een muis chaos zijn: we zouden muizen kunnen hebben met acht staarten en slechts één been. Erger nog, muizen met het lichaam van kakkerlakken.

De tweede is dat deze velden, zoals gepostuleerd door wiskundige theorieën, attractoren bevatten.

Ze kunnen niet alleen de ontwikkeling van het moment plannen, maar ze kunnen ook richting geven aan wat de toekomstige ontwikkelingen zullen zijn. Morfogenetische velden weten "waar we naartoe gaan", ze zien wat er zal gebeuren voordat het gebeurt.

Ze hebben een wijsheid of, als we willen, een geweten, een kennis van hun taak. Naarmate het project zich verder ontwikkelt, ziet het morfogenetische veld al wat er in de toekomst zal gebeuren.

De derde eigenschap is dat morfogenetische velden voor eens en voor altijd niet in het universum worden geregistreerd, maar samen met de referentie-organismen evolueren. De velden van elke soort hebben een geschiedenis waarvan ze zich bewust zijn. (Zie Fig. 26).

Morfogenetische velden

	De wijnstok produceert druiven, omdat de ontwikkeling ervan plaatsvindt in overeenstemming met het morfogenetische veld van de wijnstok.
	Deze wijnstokken groeien verbetert en wijzigt het morfogenetische veld van alle schroeven.
	De perenboom produceert peren omdat de ontwikkeling ervan plaatsvindt volgens het morfogenetische veld van de perenboom.
	Dit groeien versterkt en wijzigt echter het morfogenetische veld van alle perenbomen.

Figuur 26. Elk element van het universum, een plant of een mineraal dier, ontwikkelt zich volgens een project dat is ingeschreven in zijn morfogenetische veld.

Een volgende stap is om het werkingsprincipe van morfogenetische velden uit te breiden. Deze worden beperkt door hun eigen naam: hun functie is om samen te werken met de genen voor de realisatie van de bouwprojecten van de organismen.

We kunnen ons grotere gebieden voorstellen waarin de velden leidende projecten kunnen worden om niet alleen het fysieke lichaam op te bouwen, maar ook het karakter, dat wil zeggen de psychische eigenschappen.

Terwijl de muis groeit, kunnen zelfs zijn instincten en gedrag met hem meegroeien volgens een reeds bestaand project. Als kind zal zijn instinct hem ertoe brengen om voedsel te zoeken bij zijn moeder, wanneer hij opgroeit, zal hij zelfstandig op zoek gaan naar voedsel door te jagen.

In dit geval praten we over de morfische resonantie tussen de psyche van de muis die zich ontwikkelt en die van alle oneindige kleine muizen die vóór hem leefden.

Resonantie is een fenomeen dat lijkt op de echo. Om een heel gebruikelijk voorbeeld te geven, stel je voor om twee microfoons samen te brengen; je kunt beginnen fluiten van toenemend volume te horen.

Technisch gezien zouden de twee microfoons oscilleren: elk van hen zendt een signaal naar de andere en ontvangt het geamplificeerd. Dit is wat we in figuur 24 hebben voorgesteld, met als argument dat archetypen en bewustzijn op elkaar inwerken en versterken.

Evenzo komen voor morfische resonantie de psyche van miljarden muizen die eerder geleefd hebben en die van de enkele muis in contact. Het individu ontvangt alle ervaring van de soort. Tegelijkertijd is de ervaring van de soort verrijkt met de ervaring van het individu. We spreken over de herinnering aan de soort.

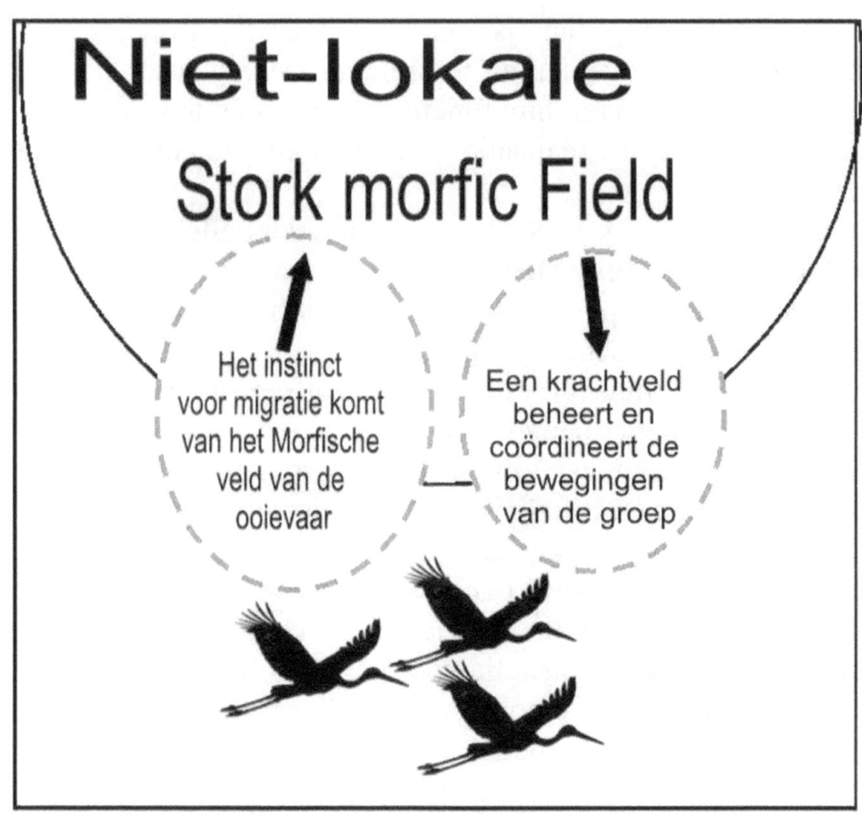

Figuur 27. Bewegingen en evoluties van groepen vissen of koppels vogels zijn te wijten aan krachtvelden die gerelateerd zijn aan niet-lokaliteit. Dit is de reden waarom ze onmiddellijk worden overgebracht op alle elementen van de groep vissen of de zwerm vogels.

De vraag is: waar is de herinnering aan de soort? Nergens kunnen we zeggen, omdat een van zijn eigenschappen niet-localiteit is. Of, analoog aan wat tot nu toe is gezegd, we zouden het in het collectieve onbewuste van muizen kunnen plaatsen.

Ik citeer Sheldrake nog steeds om het concept van het morfische veld beter te verduidelijken.

> "Naarmate een kat groeit, worden zijn instincten en gedrag door morfische resonantie gevormd door ontelbare katten uit het verleden. De morfische velden bevatten een collectieve herinnering aan de soort.
>
> Esses campos interagem com os sistemas nervosos e os cérebros do indivíduo, impondo padrões e ordens aos processos que de outra forma seriam indeterminados ou caóticos dentro deles....
>
> Bovendien coördineren de morfische velden van sociale groepen, of sociale velden, het gedrag van groepen dieren, zoals termietenkolonies, zwermen vogels, groepen vissen of wolven "
>
> Daarbenewens koördineer die morfiese velde van sosiale groepe of sosiale velde die gedrag van groepe diere, soos kolonies van termiete, voëlkolonies, groepe vis of wolwe "

Morfische velden

Morfische velden manifesteren hun stille aanwezigheid in onze percepties, in onze gedachten en in al onze mentale processen.

De morfische velden van mentale activiteiten worden mentale velden genoemd. Door mentale velden reikt de geest de omgeving in en verbindt hij zich met andere leden van sociale groepen.

Deze links kunnen telepathie, het gevoel van observatie, helderziendheid en psychokinese verklaren. Ze kunnen ook helpen om voortekenen te begrijpen omdat ze weten hoe ze in de toekomst kunnen worden uitgebreid, omdat in de niet-lokaliteit de toekomst niet bestaat.

Aan het begin van dit deel stelde ik de hypothese voor van krachtvelden die gevormd worden als gevolg van intenties, dwz verlangens en het bewustzijn van de mens, zoals bij het heilige bad in de rivier de Ganges.

Er zijn echter natuurlijke velden, onafhankelijk van de mens, die de mens heeft geïdentificeerd sinds het begin van de mensheid toen zijn banden met de natuurkrachten veel sterker waren dan nu het geval is.

Reeds in de prehistorie waren er pelgrimsbestemmingen, gekoppeld aan het geloof in de heiligheid van bepaalde plaatsen: bossen, beken, stenen. Vormen van eredienst ontwikkelden zich ook vanuit deze overtuigingen.

De aarde werd vereerd als een Moeder, volgens een concept dat in alle volken aanwezig is. Dientengevolge hebben alle dingen die van Moeder Aarde komen een heilige betekenis aangenomen.

In het bijzonder werden sommige stenen gezien als containers met mystieke eigenschappen. De steen, die op zichzelf kracht en tijdsduur symboliseert, werd een uitdrukking van de aanwezigheid van een goddelijke kracht, krachtig en eeuwig.

De steen inspireerde ook veiligheid, aangezien de eerste menselijke woningen zich in de steen, in de grotten, bevonden.

De grotten werden niet alleen als slaapzalen beschouwd, maar als plaatsen vol heiligheid. Dit wordt begrepen door het observeren van de decoraties die in veel van deze grotten aanwezig zijn

De decoraties veranderden de grotten in tempels, zoals bijvoorbeeld gebeurde in de grotten versierd met grotschilderingen van Lascaux of Chauvet in Frankrijk, de grot van Altamira in Spanje of zelfs de Grotta del Genovese op Levanzo, op Sicilië.

Geen ander materiaal heeft de geschiedenis van de mens als steen begeleid. De link begint met de constructie van gereedschappen en gaat vandaag verder met het optillen van gebouwen die de lucht bereiken.

We vinden het symbool van steen ook in de alchemistische praktijk, gericht op de zoektocht naar de Steen der Wijzen, in staat om lood in goud om te zetten, maar ook om de mens van zijn rauwe aard naar een hogere spiritualiteit te brengen.

In alle culturen wordt de mens gezien als reiken naar de hemel waaruit hij is voortgekomen. De mens is slechts tijdelijk gescheiden van het universum, gezien zijn sterfelijke aard, maar is voortdurend op zoek naar een brug die hem weer verbindt met de eeuwigheid van waaruit hij komt.

Vaak worden de stenen de brug die dit contact bevordert. In dit perspectief zijn de megalieten te zien.

Stenen die als afzonderlijke elementen of in cirkels (cromlech) zijn opgetrokken zoals in Stonehenge, in Engeland, of in uitlijningen zoals Carnac in Frankrijk, hebben de macht om de energie van het universum te katalyseren. (Zie Fig. 28).

Deze energie, afkomstig van het geheel, dat is van het niveau van niet-lokaliteit, genereert lokale krachtvelden waarin de mens zich kan onderdompelen om verbonden te zijn met de universele, goddelijke kracht.

De krachtvelden die door deze plaatsen worden gegenereerd, hebben vaak uitstekende helende vermogens, al was het maar omdat het psychologische welzijn ook lichamelijk welzijn schept.

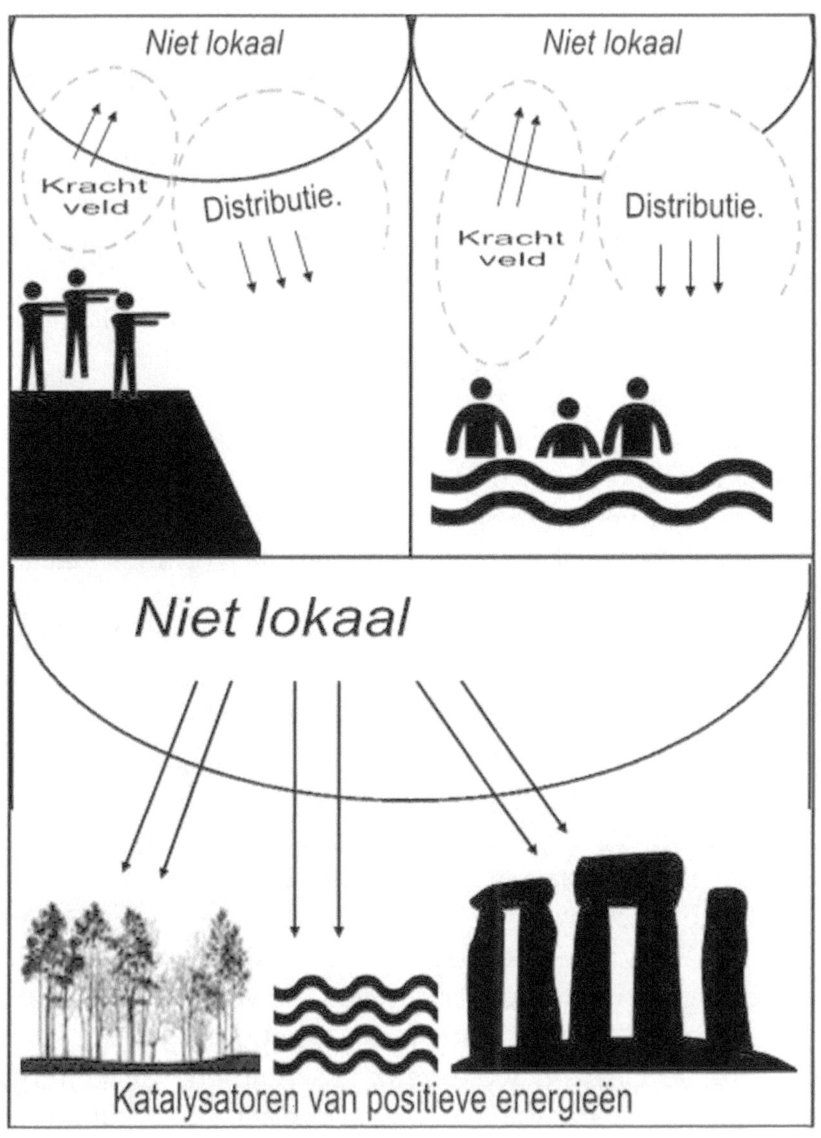

Figuur 28. De bedoelingen van mannen kunnen krachtvelden creëren die het niet-lokale niveau beïnvloeden. Tegelijkertijd zijn veel plaatsen op aarde katalysatoren van positieve energieën afkomstig van het niet-lokale niveau.

Pierre Teilhard de Chardin en de Noösfeer

Pierre Teilhard de Chardin was een jezuïetenpriester, geboren in Frankrijk, in Orcines, in 1881. Bekend als een evolutionistische wetenschapper, werkte hij verschillende theorieën uit waaronder die over de noösfeer belangrijk is.

Noösfeer is een term die afgeleid is van het Griekse woord *nous*, wat geest en *sfeer* betekent, in de zin van biosfeer of veld van biologisch.

Voor Teilhard de Chardin is de noösfeer het collectieve bewustzijn van menselijke wezens, dat ontstaat uit de interactie tussen alle menselijke geesten. Naarmate de organisatie van de menselijke soort vordert, heeft de noösfeer zich ontwikkeld tot een soort resonantie.

Het concept heeft zeker sterke overeenkomsten met het collectieve onbewuste van Jung en met de vorming van de morfische velden van Sheldrake.

Hoe meer de mensheid georganiseerd is door de complexiteit ervan te vergroten, hoe meer de noösfeer vorm krijgt. De geleerde argumenteerde dat de noösfeer zich zal uitstrekken, met toenemende resonantie en integratie, tot het datgene bereikt wat hij het Omegapunt noemde.

Dit is het hoogste niveau van complexiteit en bewustzijn waarnaar het universum neigt te evolueren.

De publicatie van zijn geschriften wekte heftige controverse in katholieke kringen, ook als gevolg van de tegenstellingen tussen conservatieven en vernieuwers in de periode vóór het Tweede Vaticaans Concilie.

Teilhard de Chardin werd zelfs beschuldigd van ketterij, meer bepaald van pantheïsme, dezelfde beschuldiging waarvoor Giordano Bruno op de brandstapel was verbrand.

Zoals gewoonlijk heeft de kerk aangetoond dat het altijd een stap terug is in het nastreven van wetenschap, dus de veroordelingen van overijverige en geïmproviseerde rechters moeten worden beoordeeld door een meer reflectieve en verlichte geest.

In feite zijn de theorieën van Teilhard de Chardin de laatste tijd grondig geherwaardeerd. Paus Paulus VI, in een interventie over de relatie tussen wetenschap en geloof, prees zijn werk en wees hem aan als een wetenschapper die, in de studie van materie, erin was geslaagd om de Geest te herontdekken.

Hij voegde er ook aan toe dat hij met zijn verklaring van het universum "de aanwezigheid van God als het intelligente en creatieve principe" bevestigde, maar hij ontkende het niet.

Vervolgens gaf kardinaal Ratzinger, toen paus Benedictus XVI, in zijn boek *Principles of Catholic Theology* toe dat een van de belangrijkste documenten van de Raad, de encycliek *Gaudium et Spes*, sterk doordrongen was van de gedachte aan de Franse jezuïet. Hij verklaarde ook dat hij een grote visie was waarvoor we uiteindelijk een ware kosmische liturgie zullen hebben.

Voordat we het onderwerp verstrengeling bespreken, is het nuttig om een idee te hebben van de dimensies waarin we ons verplaatsen. Wonen op fysiek niveau, zijn we gewend om de tijd te meten op een schaal van seconden tot eeuwen, en het lijkt ons dat de afstand tussen de twee uitersten enorm is.

Voor de waarheid omvat een eeuw 876.000 uur, en daarom, aangezien een uur uit 3600 seconden bestaat, bestaat een eeuw uit 3 miljard en ongeveer 154.000 seconden.

Als we echter proberen te denken dat in de astronomie tijd wordt uitgedrukt in miljarden jaren (een miljard jaar zijn tien miljoen eeuwen), dan kunnen we zien dat de eenheden die gewoonlijk worden gebruikt niet voldoende zijn.

Hetzelfde kan gezegd worden voor de afstanden: we redeneren gewoonlijk in termen van millimeters, meters of kilometers. Maar als we metingen willen uitvoeren in de melkweg of in de kern van een atoom, realiseren we ons dat deze meeteenheden niet adequaat zijn.

We zullen alleen naar de volgende tabellen moeten kijken, op tijd en ruimte eenheden, om te beseffen dat onze kennis van de werkelijkheid ongelofelijk beperkt is.

We hebben er zoveel vertrouwen in dat de werkelijkheid alleen bestaat uit wat we kunnen zien en aanraken, dat de ontdekking van enorme ruimtes die we niet kunnen zien of meten, ons naar een houding van diepe nederigheid moet leiden vergeleken met wat we geloven dat de wereld is, en wat in plaats daarvan is het in werkelijkheid.

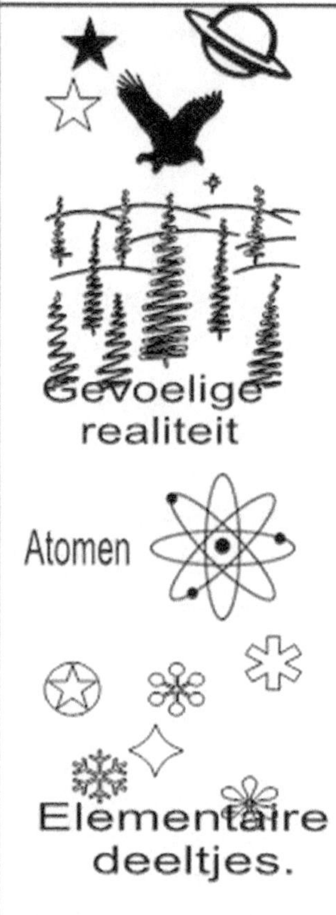

Figuur 29. Tot een paar jaar geleden kenden we alleen de klassieke fysica. Nu is het bestaan van een ander niveau, dat van elementaire deeltjes, duidelijk geworden. In dit niveau zijn de regels van de klassieke natuurkunde niet langer geldig.

Sommige afstanden in zeer groot en in zeer klein uitgedrukt in meters	
Afstand	**Equivalent in meters**
Gemiddelde afstand van Aarde Van Andromeda (de grote Melkweg het dichtst bij ons)	2×10^{22} 20.000.000.000.000.000.000.000 M
Diameter van de Melkweg, ons melkwegstelsel	8×10^{20} 800.000.000.000.000.000.000 M
Gemiddelde afstand tussen de aarde en de Proxima Centauri, de dichtstbijzijnde ster voor ons	4×10^{16} 40.000.000.000.000.000 M
Gemiddelde afstand tussen de aarde en de Enige, gelijk aan 1 UA (astronomische eenheid)	$1,5 \times 10^{11}$ 150.000.000.000 M
Middelgrote straal van de aarde	$6,37 \times 10^{6}$ 6.370.000 M
diameter van een rode bloedcel	8×10^{-6} 0000.op 008 boven de
Diameter van een atoom	1×10^{-10} 0, 000.000.000.1 M
diameter van een proton, een deel	2×10^{-15} 0, 000.000.000.000.002 M

van de kern van het Atoom	
Diameter van een elektron	1×10^{-22} 0, 000.000.000.000.000.000.000.1 M

VERDIEPING

De exponentiële notatie

Gezien de openbaarmakingsdoelen van dit boek, heb ik bewust het invoegen van elementen die moeilijk kunnen zijn voor degenen die geen gedetailleerde studies op het gebied van wiskunde of natuurkunde hebben, opgegeven. Ik geloof dat veel concepten volledig kunnen worden begrepen in hun algemene lijnen zonder de hulp van complexe formules.

Ik denk dat de uitzondering moet worden gemaakt om het concept van exponentiële notatie te illustreren, omdat, ondanks het feit dat het onderwerp was van de eerste schoolcycli, veel studenten ... die net als ik gedateerd zijn, het wellicht vergeten zijn.

De zeer grote en zeer kleine getallen dreigen onbegrijpelijk te worden wanneer ze worden weergegeven door een lange theorie van nullen, en daarom wordt een andere manier van schrijven gebruikt.

Het getal 1000 kan bijvoorbeeld worden geschreven als 1.000 of als 10^3. Een miljoen kan worden geschreven als 1.000.000 of als 10^6. Dus een miljard kan worden geschreven als $10^{9\cdot}$.

Byvoorbeeld, die nommer 1000 kan geskryf word as 1000, of as 10^3. 'n miljoen kan geskryf word as 1.000.000, of as 10^6. So 'n miljard kan as 10^9 geskryf word.

Het kleine aantal bovenaan wordt exponent genoemd. De exponent van de macht van 10 is gelijk aan het aantal nullen waarop het nummer volledig is geschreven.

Men kan zich ook de macht van tien voorstellen als gelijk aan de indicator van het aantal posities waarvan de komma is verplaatst, of de komma. Bijvoorbeeld, 353 miljoen, of 353.000.000wordt 3,53x108.

In het geval van nummers kleiner dan 1 is de regel hetzelfde. Een duizendste kan worden geschreven 0,001 of 10^{-3}. Uitgaande van 1, en verplaats de komma van drie posities naar links, krijgt u 0.001.

Een groot molecuul kan 2,3 miljardste van een meter groot zijn. Deze waarde kan worden geschreven 0.000.000.002.3 m, of $2,3 \times 10^{-9}$ m

De afkortingmethode op basis van de macht van 10 wordt exponentiële notatie of wetenschappelijke notatie genoemd.

131

Afstand meeteenheid

Naam	Symbool	Overeenkomen met In meters		Meetbare entiteiten
yottametro	Inch	10^{24} m	1000. 000. 000. 000. 000. 000. 000. 000 m	Afstanden tussen melkwegstelsels
zettametro	Hm	10^{21} m	1. 000. 000. 000. 000. 000. 000. 000 m	Diameter van een melkwegstelsel
exametro	Inch	10^{18} m	1. 000. 000. 000. 000. 000. 000 m	Afstanden tussen De sterren
petametro	Pm	10^{15} m	1. 000. 000. 000. 000. 000 M	Afstanden tussen De sterren
terametro	Tm	10^{12} m	1. 000. 000. 000. 000. m	Afstanden tussen De sterren
gigametro	Gm	10^{9} M	1000. 000. 000 m	Afstanden tussen planeten en satellieten
megametro	Mm	10^{6} M	1000. 000 m	Middelgrote lange autosnelweg
miriametro	*Mm*	10^{4} M	10.000 m	Diameter van een grote stad
Kilometer	Km	10^{3} M	1.000 m	Grootte van een kleine luchthaven
ettometro	Hm	10^{2} M	100 m	Hoogte van een wolkenkrabber

decametro	Dam	10^1 M	10 m	Breedte van een weg
Metro	m	1	1M	Hoogte van een 4-kind5 jaar oud
Decimetre	Dm	10^{-1}m	0,1 m	Grootte van de Palm van een hand
Inch	Cm	10^{-2}m	0,01 m	Hoogte van de achterkant van dit boek
Mm	Mm	10^{-3}m	op 0001 boven de	Dikte van een boekomslag
Micrometer (o micron)	Mm	10^{-6}m	000001 m	Diameter van een microbe
Nm	Nm	10^{-9}m	000000001 m	Grootte van de elementen in computerchips
Angstrom	Å	10^{-10}m	0000000001 m	Diameter van een atoom
picometro	Pm	10^{-12}m	000000000001 m	Diameter van de kern van een atoom
femtometro (of nog)	Fm	10^{-15}m	0, 000000000000001 m	Straal van een Proton
attometro	Op	10^{-18}m	0, 000000000000000 001 m	Grootte van een quark
zeptometro	D	10^{-21}m	0, 000000000000000 0 00001 Maes	Grootte van een quark
yoctometro	Inch	10^{-24}m	0, 000000000000000 000000001 Maes	Grootte van een neutrino

Meeteenheid van Tijd In seconden

Maateenheid	Symbool	Factor	Gerelateerde evenementen
E – 44 s	t_P	10^{-44}	De tijd van Planck De kortste hoeveelheid tijd die de huidige fysica kan bepalen
yoctosecondo	Ys	10^{-24}	1 YS: tijd voor een Quark Te stoten een Gluon.
zeptosecondo	Zs	10^{-21}	14 ZS: het leven van het elektron in de hogere baan inHelium-9.
attosecondo	Als	10^{-18}	1 als: tijd voor verval van een Atoomkern
femtosecondo	Fs	10^{-15}	200 FS: tijd die nodig is voor Chemische reacties Snelste
picosecondo	Ps	10^{-12}	4 PS: cyclustijd di un transistor IBM
Nanoseconde doordringt	Ns	10^{-9}	1 NS: cyclustijd van een 1-microprocessor Ghz.
Microseconde	μs	10^{-6}	
Milliseconde	Mevrouw	10^{-3}	50 tot 80 MS CA: een ooglid flap
Tweede	s	10^{0}	Zestigste van een eerste minuut
chilosecondo (16, 7 Minuten)	Ys	10^{3}	1 uur: 3600 s 1 dag (24 uur): 86 400 s
megasecondo (11,6 dagen)	Mevrouw	10^{6}	
gigasecondo (32 jaar)	Gs	10^{9}	1ste eeuw: 3, 16 GS 1 Millennium: 31, 6 GS
terasecondo (32 000 jaar)	Ts	10^{12}	6 TS: verstreken tijd vanaf de verschijning van deHomo sapiens

petasecondo (32.000.000 jaar oud)	Ps	10^{15}	1 PS: verstreken tijd vanOligoceen aan vandaag
exasecondo (32.000.000.000 jaar oud)	Het	10^{18}	
zettasecondo (32.000.000.000 jaar)	Zs	10^{21}	
yottasecondo (32 jaar biljart)	Ys	10^{24}	

V. Wonderen van de kwantumfysica

Elk ingewikkeld probleem,
op de juiste manier geanalyseerd,
wordt het nog ingewikkelder.
(Poul Anderson, schrijver)

In de brief aan de Hebreeën, een bijbeltekst die in het verleden aan Paulus was toegeschreven, stelt de auteur dat Christus "... *tot de volheid der tijden ter wereld gekomen is om de zonde te wissen door zichzelf te offeren*" (Heb 9: 26b)

In een van zijn gesprekken de bekende bijbelexpert Mgr. Gianfranco Ravasi wees erop dat, onder voorbehoud van alle theologische implicaties, de uitdrukking "tot de volheid van de tijd" ook in zijn meest juiste betekenis kan worden begrepen, namelijk op het juiste moment.

In die mening van Msgr. Ravasi, die oomblik waarop Jesus gebore was, was absoluut gepas vir die verspreiding van die Evangelie: die Romeinse Ryk het paaie in al sy gebiede gebou, wat die sirkulasie van mense baie makliker gemaak het, en met hulle nuwe idees.

Het gebod dat Jezus zijn discipelen gaf "*Gaat de hele wereld in en predikt het Evangelie aan elk schepsel*" (*Mc 16:15*) werd enorm vergemakkelijkt door de situatie van de wereld in die tijd: uitgestrekte gebieden praktisch in vrede en gemakkelijk toegankelijk.

We weten dat de archetypen, dat wil zeggen 'de ideeën' die aanwezig zijn in het collectieve onbewuste van de mensheid, op elkaar inwerken en worden versterkt met het geweten en de intenties van de mens.

Op dezelfde manier is het redelijk om aan te nemen dat het idee van een nieuwe religie sterker wordt wanneer meer mannen het in hun eigen verlangens en verwachtingen plaatsen, dat wil zeggen in hun bedoelingen.

Het christendom verspreidde zich sneller omdat de verwachtingen van nieuwe gelovigen, die voortdurend toenamen, en het idee van het christendom dat aanwezig was in het niet-lokale, weerklonken.

Het groeiend aantal gelovigen trad op als een vermenigvuldigingsfactor. Volgens het christelijk geloof was en is de "niet-lokale" de Heilige Geest, die de discipelen helpt en begeleidt bij hun prediking.

Een ander voorbeeld van een "juiste tijd" kan men zich voorstellen als we de tijden van menselijke evolutie evalueren. De tijdperken van de mens kunnen worden onderverdeeld in steentijd, kopertijd, bronstijd en ijzertijd.

Als we deze leeftijden opnoemen, hebben we niet de perceptie van hun duur. Sterker nog, het stenen tijdperk begint 3-4 miljoen jaar geleden en slechts 10-12.000 jaar geleden vonden er veranderingen plaats die leidden tot het tijdperk van koper: 5000 jaar geleden in de Bronstijd, en 3.000 jaar geleden tot de ijzeren leeftijd. (Zie Fig. 30)

Het stenen tijdperk duurde immens langer dan de latere tijdperken. Waarom is de mens in zijn eerste levensjaar, meer dan drie miljoen jaar, zo stevig gebleven voordat hij de eerste evolutionaire overgang naar het tijdperk van koper maakte? Het is een vraag waarop de moderne paleontologie geen antwoord kan geven.

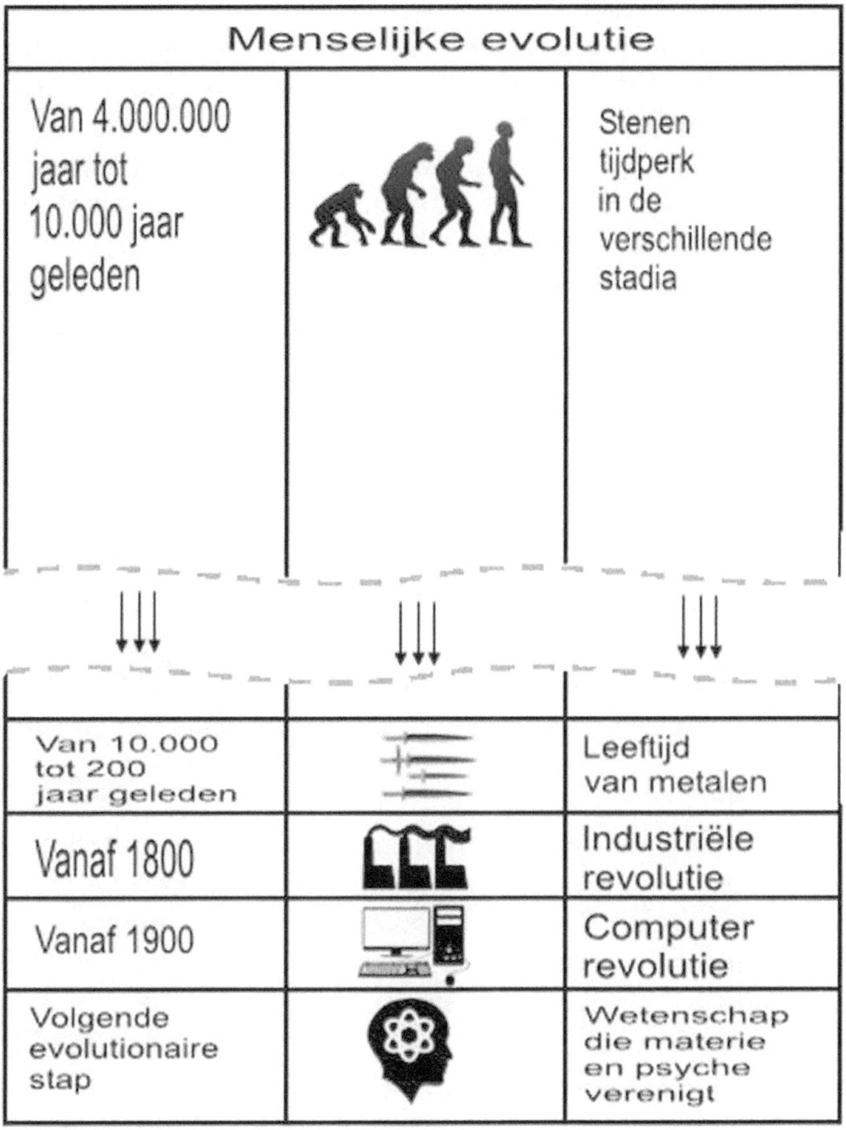

Menselijke evolutie		
Van 4.000.000 jaar tot 10.000 jaar geleden		Stenen tijdperk in de verschillende stadia
Van 10.000 tot 200 jaar geleden		Leeftijd van metalen
Vanaf 1800		Industriële revolutie
Vanaf 1900		Computer revolutie
Volgende evolutionaire stap		Wetenschap die materie en psyche verenigt

Figuur 30. Er was een immense tijd nodig om een evolutionaire synchroniciteit teweeg te brengen die de overgang van het stenen tijdperk naar die van metalen mogelijk maakte. In de laatste paar eeuwen hebben de synchroniciteiten een hectisch tempo aangenomen.

141

We riskeren een hypothese: in al die zeer lange perioden die mannen niet wilden, evolueerden ze niet, misschien hadden ze zich zelfs de mogelijkheid niet voorgesteld, omdat ze nog niet een geweten hadden dat voldoende klaar was om hun intenties te uiten.

Misschien waren ze ook zo weinigen dat ze geen krachtveld konden ontwikkelen dat synchroniciteit zou opwekken om evolutionaire ontwikkeling te bevorderen.

Irgendwann gelang es der erhöhten Zahl und einigen günstigen Umständen, eine Kraft zu schaffen, die ausreichte, um mit dem Archetypus der kulturellen Entwicklung zu interagieren.

Vanaf dat moment was de evolutie zeer snel en veranderde snel van het tijdperk van koper naar dat van brons en vervolgens van dat van ijzer.

Vandaag leven we de leeftijd van silicium, dat wil zeggen het tijdperk van informatie. Tegenwoordig hebben we de communicatiemiddelen om snel nieuwe ideeën te verspreiden, in staat om krachtvelden en verwachtingen te genereren met betrekking tot de meest geavanceerde grenzen van kennis.

De velden die vandaag worden gegenereerd, kunnen het evolutionaire pad van de mensheid in een paar decennia verspreiden, niet meer dan miljoenen jaren.

De tijd die we ervaren is zeker het juiste moment voor nieuwe ideeën die verband houden met de voortgang van de kwantumfysica, zoals kwantumverstrengeling, om alle oude overtuigingen over de realiteit van het universum vast te houden en te verstoren.

In feite voorspelt verwarring een realiteit die niet langer alleen van materie is, maar van materie en psyche. De verstrengeling herevalueert en maakt alle gedachten en intuïties actueel die de mensheid nooit heeft kunnen ervaren, zelfs als hij ze altijd als waar heeft gevoeld.

Kwantumverstrengeling begint echt en overtuigend bewijs te produceren. Een netwerk van 'verdedigers' van deze nieuwe wetenschap wordt in de wereld geschapen, in staat om een krachtveld op te bouwen dat voldoende is om elke dag hetzelfde idee te versterken.
Verstrengeling heeft zich in een paar jaar door een ongelooflijke reeks van synchroniciteit ontwikkeld.

Op een koude middag in januari 1932 klopte een man aan de deur van het kantoor van een bekende psychotherapeut.

Hij had besloten om te luisteren naar het advies van zijn vader, die zich zorgen maakte over zijn geestelijke gezondheid, en te vertrouwen op de zorg van een specialist. Eigenlijk beleefde die man een heel moeilijke tijd in zijn leven.

Hij werd begin 1900 in Wenen geboren en al snel zou hij dertig zijn geworden met het uitgesproken gevoel dat hij weinig in zijn leven had gedaan. Hij was in een ernstige staat van psychische stoornis terechtgekomen als gevolg van vele tragische gebeurtenissen waarbij hij betrokken was geweest.

In het bijzonder, vier jaar eerder, had haar moeder zelfmoord gepleegd en later gescheiden van haar vrouw, een cabaretzangeres, na een huwelijk dat enkele weken duurde.

Dit alles had ertoe geleid dat hij zichzelf aan alcoholisme had overgegeven, dus gebeurde het vaak dat hij laat in de nacht werd uitgezet op de verschillende plaatsen die hij bezocht, waar hij bekend stond als onruststokers.

Onder andere maakte deze bankschroef hem geïrriteerd en ook op de werkplek. Hier wist hij niet hoe vriendelijk te zijn in zijn omgang met anderen.

De psychotherapeut beschrijft zijn ontmoeting met de man in zijn aantekeningen:

> "Ik had een zaak, een universiteitshoogleraar, een zeer mono-georiënteerde intellectueel. Zijn onderbewustzijn was verontrust en erg actief geworden. Hij projecteerde zichzelf op andere mannen die zijn vijanden leken te zijn. Hij voelde

zich verschrikkelijk eenzaam, omdat iedereen tegen hem leek te zijn. '

De psychotherapeut heette Carl Gustav Jung en de patiënt Wolfgang Pauli. (Zie Fig. 31). Uit die ontmoeting, snel versterkt door vriendschap vanwege gemeenschappelijke culturele interesses, ontwikkelde zich een intense samenwerking tussen beide.

In feite was Pauli, ondanks zijn psychische problemen, een briljante, wetenschappelijke geest. In 1945 ontving hij de Nobelprijs voor zijn ontdekking die essentieel was voor de ontwikkeling van de kwantumfysica, het bekende *Pauli-uitsluitingsprincipe*.

De ontmoeting van de twee gebeurde niet toevallig, maar het was een uiterst tijdige synchroniciteit voor die tijd en het leidde de hele mensheid naar de huidige kennis over de realiteit van het universum.

Jung en Pauli vervoegen de theorie over archetypen en het collectieve onbewuste van de eerste, met de wetenschappelijke striktheid en de strikte methodologie van de laatste. Veel van de inhoud van dit boek is gebaseerd op de resultaten van hun samenwerking.

Pauli schreef onder meer de verdienste van vele positieve resultaten van zijn studies toe aan zijn dromen: hij beweerde vele nuttige inspiratiebronnen te ontvangen in zijn dromen.

Pauli-effect

Pauli was bekend onder zijn collega's voor een heel speciale functie.

Er werd gezegd dat wanneer Pauli een onderzoekslaboratorium betrad, er altijd iets gebeurde.

146

Figuur 31. Aan de linkerkant, Wolfgang Pauli, Nobelprijs voor de natuurkunde in 1945. Rechts de Carl Gustav Jung, die de theorie van de archetypen en het collectieve onderbewustzijn formuleerde.

Er waren bijvoorbeeld instrumenten die stopten met werken, voorwerpen die kapot gingen, andere die op de grond vielen of explodeerden.

Veel natuurkundigen hadden besloten om hem op geen enkele manier te laten binnenkomen, door de meest fantasierijke excuses uit te vinden, maar zonder het hem te vertellen, niet om geen respect te tonen.

Zijn collega Otto Stern verbood hem openlijk als een onherroepelijke beslissing. Zeker rond Pauli ontstond een psychokinetisch krachtenveld dat de materie kon beïnvloeden.

Dit Pauli-effect wordt door veel van zijn collega's getuigd. Een van hen, J. Frank, vertelde hem dat een van zijn apparatuur in Göttingen was gebroken, maar deze keer kon het niet zijn schuld zijn omdat hij afwezig was.

Pauli vertelde hem dat hij onderweg was tijdens het ongeval en zijn trein was gestationeerd op het station in Göttingen.

Ondanks deze folklore overwegingen, Pauli was een van de belangrijkste punten van de kwantummechanica, samen met Bohr, Heisenberg, Dirac en anderen.

Pauli werd al snel bekend om zijn fundamentele en originele bijdragen aan de kwantumveldentheorie. Het was het levende bewustzijn van de theoretische fysica. Zijn uitsluitingsprincipe (dat hem de Nobelprijs opleverde) was de basis van theorieën die experimenten mogelijk maakten met het fenomeen kwantumverstrengeling.

Albert Einstein toonde hem altijd een diep respect. Toen hij aanwezig was bij de Nobelprijs, noemde de maker van de relativiteitstheorie hem 'geestelijke zoon'.

Figuur 32 Psychofysisch diagram uitgewerkt door Wolfgang Pauli en Carl Gustav Jung.

Het psychofysische diagram van Pauli en Jung

De lange samenwerking bracht Jung en Pauli ertoe om het psychofysieke diagram uit Figuur 32 uit te werken.

Links en rechts in het diagram zijn de willekeur en de synchroniciteit in evenwicht, uitgaande van een samenwerking tussen de mechanistische fysica. en het principe van synchroniciteit.

Volgens causaliteit: elke gebeurtenis is verbonden met een oorzaak die deze heeft gegenereerd. In plaats daarvan, de synchroniciteit die altijd wordt verwezen naar gebeurtenissen die absoluut niet aan elkaar gerelateerd zijn.

De twee verticale armen representeren de wereld van de psyche, dat is de wereld van nonlokaal, die in balans is met de fysieke wereld beheerst door de dimensies van ruimte en tijd.

Dit diagram bevestigt dat de realiteit niet alleen van materie is, maar van materie en psyche, en bevestigt dat iedereen de ander nodig heeft. Een psychische realiteit kan niet bestaan als ze geen materiële

Alle nieuwe ontdekkingen, vooral verstrengeling, hebben de neiging om het bestaan van een "bemiddelingsmedium" te documenteren dat alle realiteit verbindt waarin we leven.

De synthese van verstrikking is precies dit: het hele universum is verbonden door een dimensie waarin signalen en informatie reizen zonder grenzen van ruimte en tijd.

Die sintese van verstrengeling is net so: die hele heelal is onderling verbind deur 'n dimensie waarin seine en inligting sonder grense van ruimte en tyd reis.

Op het niveau van elementaire deeltjes is dit op grote schaal aangetoond. De conclusie die we hieruit kunnen trekken is dat, omdat het hele universum is samengesteld uit elementaire deeltjes, het hele universum met elkaar verbonden is.

Het is een willekeurige conclusie omdat verstrengeling, wetenschappelijk aangetoond op het niveau van elementaire deeltjes, nog niet bevestigd is op macroscopisch niveau. Ik heb het over dat fysieke niveau dat ons omringt, en waaraan we gewend zijn. Het is een illusie van de "realiteit" die we kunnen zien en aanraken.

Er zijn bijvoorbeeld twee fotonen verbonden in het quantumweefsel, maar dit is nog niet mogelijk voor twee appels. Er worden echter experimenten uitgevoerd, vooral op het gebied van teleportatie, die bevredigende resultaten opleveren.

Als we de realiteit vanuit het oogpunt van de kwantummechanica onderzoeken, zien we dat veel fenomenen, die voorheen als onmogelijk werden beschouwd, daadwerkelijk konden bestaan.

We hebben het over telepathie, helderziendheid, telekinese en al die verschijnselen die we "nieuwsgierige toevalligheden" noemen. Dit is de belangrijke toevalligheid die psycholoog Carl Gustav Jung, samen met de natuurkundige en Nobelprijswinnaar Wolfgang Pauli, catalogiseerde als synchroniciteit.

Iemand zal grimas maken en protesteren tegen het feit dat men een wetenschappelijk onberispelijke theorie zoals verstrengeling die paranormale verschijnselen associeert niet kan "vervuilen".

De dingen zijn echter precies zo en de twee werkelijkheden zijn absoluut compatibel.

De structuur van de werkelijkheid geïnterpreteerd met de criteria van de kwantumfysica en de eigenschappen van psychische verschijnselen lijkt misschien lichtjaren verwijderd. In plaats daarvan delen ze functies met echt indrukwekkende overeenkomsten en compatibiliteit.

Verstrengeling is een eigenschap van de kwantumtheorie, gecertificeerd door vele experimenten.

Van zijn kant wilde Albert Einstein deze nieuwigheid niet accepteren, omdat hij geloofde dat het in contrast stond met zijn relativiteitstheorie. Einstein heeft dus een experiment bedacht om de inconsistentie van de theorieën over verstrengeling aan te tonen.

Dit experiment, bekend als EPR van de naam van de drie wetenschappers die het hebben voorgesteld (Einstein, Podolski, Rosen), werd verschillende malen gemaakt in de volgende jaren, toen de techniek het mogelijk maakte.

In alle gevallen bevestigde hij de theorie van verstrengeling uitgebreid, dus zelfs de twijfels van Einstein bleken incongruent te zijn.

Verstrengeling is een fenomeen dat optreedt op het niveau van elementaire deeltjes. Een eerste stap om dit te begrijpen is om te verduidelijken wat een elementair deeltje is.

We verwijzen naar de categorie meest bekende deeltjes, de elektronen, die tot de categorie van leptonen behoren. Zoals bekend is, zijn elektronen zeer kleine bloedlichaampjes met negatieve elektrische lading.

De elektronen draaien rond een centrale kern van het atoom (samengesteld uit protonen en neutronen). Deze kern is uitgerust met een positieve elektrische lading, de elektronen hebben een negatieve elektrische lading. De meeste van de elektronen in het universum zijn gemaakt door de oerknal.

De beweging van het elektron genereert een magnetisch veld en is verantwoordelijk voor de elektrische geleidbaarheid en warmte. Maar de functie die ons het meest interesseert, is dat het elektron, om te reageren op veranderingen in zijn energie en zijn versnelling, fotonen uitzendt.

Het foton is een kwantum van licht. Om het concept van "kwantum" uit te leggen, een voorbeeld te geven, en stel je voor dat je naar een supermarkt gaat om kaas te kopen.

Je zou kunnen vragen om 100 gram, 200 of 300 gram, of zelfs 150 gram. De werknemer snijdt een paar plakjes door ze op de weegschaal te plaatsen en dan zegt hij: "Er zijn er nog 10 gram, ik laat ze achter?" Je betaalt volgens het gewicht en gaat graag uit de winkel.

Als je fotonen gaat kopen, werkt het niet zo. Een foton heeft zijn eigen gewicht, dat niet "kilogram" of "hectogram" wordt genoemd, maar quantum. Het foton is een quantum. Dit is de enige mogelijke maatregel. Er zijn geen veelvouden of submultiples van " quantum ".

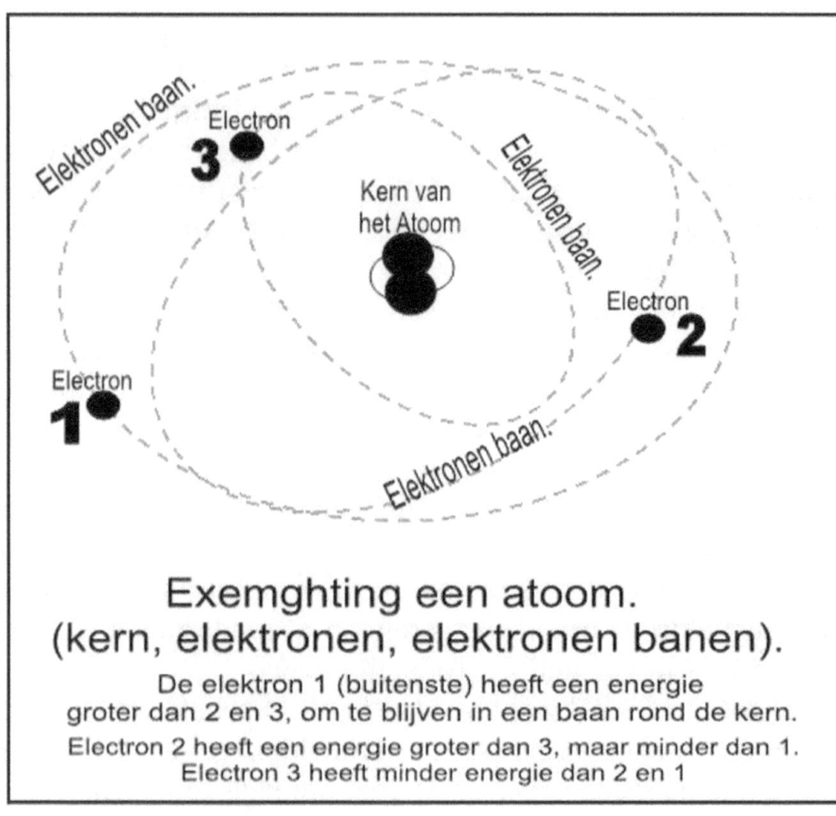

Figuur 33. Een elektron heeft voldoende energie om het rond de kern te laten draaien. Hoe meer de baan extern is, dat wil zeggen hoe verder weg de kern zich bevindt, hoe hoger de energie die wordt bezeten.

Je zou nooit een zwaar foton kunnen kopen "een quantum en een half" . Dat wil zeggen, als je wat licht wilt kopen, moet je een heel aantal fotonen kopen.

Laten we teruggaan naar ons elektron. We zeiden dat het reageert op veranderingen in zijn energie door fotonen uit te zenden. Ons doel is dus om een elektron fotonen te laten maken om verstrengeling te begrijpen. De eerste stap is om de energie van het elektron te veranderen, laten we kijken hoe we het kunnen doen.

Een atoom is omgeven door veel elektronen, afhankelijk van het element waar het deel van uitmaakt.

. De elektronen roteren rond de kern na banen. Hun energieniveau is afhankelijk van deze banen. De verste uit de kern hebben meer energie, degenen die zich het dichtst bij de kern bevinden hebben minder. (Zie Fig. 33).

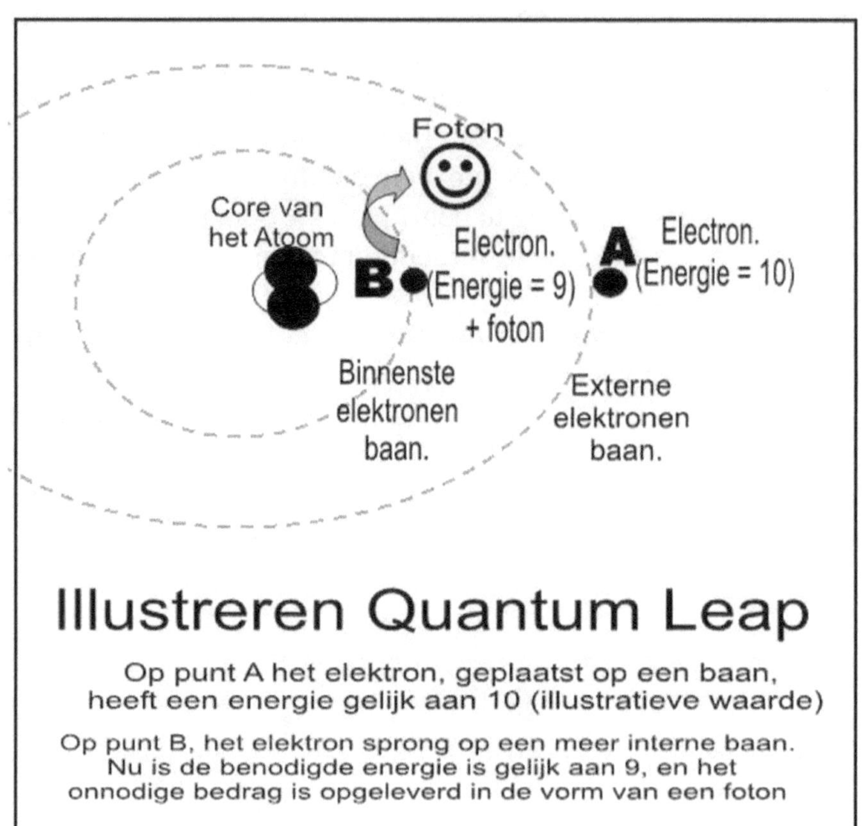

Figuur 34. Kwantumsprong. Een elektron dat op een baan dichterbij de kern springt, verliest energie en levert het op in de vorm van een foton.

Van tijd tot tijd, om redenen die niemand weet, besluit een elektron deze harmonie te verbreken en verandert zijn baan. Dat wil zeggen, hij besluit van een buitenste baan naar een meer interne baan te springen.

In deze aanval is het atoom echter sterk beperkt: het kan niet vrij een kleine sprong maken, of een halve sprong of een langere sprong: het moet exact één "quantum" springen, omdat de banen in een kwantum volgorde zijn gerangschikt.

Als ons elektron naar binnen springt om de kern te naderen, heeft de nieuwe baan niet langer de energie nodig die eerder bezeten was omdat de binnenste banen minder energie vereisen.

Het elektron zal dus een deel van de energie moeten opgeven. Om precies te zijn, het moet een "quantum" opleveren.

Wat is het einde van dat "kwantum" aan verkochte energie? Word een deeltje, echt een foton. Zoals al gezegd, het foton is precies een kwantum van licht.

Het feit dat het elektron exact één "quantum" moet springen, bepaalt een heel vreemd fenomeen: men zal het nooit "met het verhoogde been" vinden tussen de ene baan en de andere, dat wil zeggen in een tussenpositie.

Het elektron zal onmiddellijk van baan veranderen zonder enige overgang. In de kwantumsprong van het elektron is er noch een ruimte om te overwinnen, noch een tijd die nodig is om het te overwinnen. Nu is het elektron hier, maar nu is het al op een andere plaats en nu is er een nieuw foton. (Zie Fig. 34).

We hebben een grote stap voorwaarts gemaakt, maar we hebben er nog een nodig, heel klein. Om te beoordelen wat verstrengeling is, hebben we ten minste twee fotonen nodig, omdat verstrengeling precies bestaat in de relatie tussen twee deeltjes, of meer dan twee.

De kwantumplot wordt geboren tussen twee "tweeling" - fotonen.

Een zeer lange afwijkende mening ontstond tussen degenen die geloofden in het bestaan van speciale relaties tussen de fotonen die door een kwantumsprong waren uitgezonden, en degenen die in plaats daarvan sceptisch waren.

Onder de sceptici bevond zich ook Einstein die, samen met twee andere wetenschappers (Podolski en Rosen), in 1935 een mentaal experiment had bedacht om de onmogelijkheid van door de kwantummechanica voorspelde theorieën aan te tonen.

Einstein definieerde het gedrag van deeltjes op het kwantumniveau "vreselijke acties op afstand" en ontkende ze beslissend.

Een Verstandelike eksperiment bestaat uit een experiment dat niet in de praktijk wordt gerealiseerd, maar alleen wordt ingebeeld. Daarom zijn de resultaten theoretisch en kunnen niet worden geverifieerd.

Verstandelike eksperiment worden gebruikt wanneer er geen technische middelen zijn om ze in de praktijk te implementeren of economische middelen ontbreken.

Bijna dertig jaar later ondersteunde John Stewart Bell in een artikel getiteld "On the Einstein-Podolsky-Rosen paradox" de ideeën van Einstein.

Bell benadrukte dat het niet-lokale karakter van de kwantummechanica onverenigbaar was met de fysieke realiteit. Hij concludeerde dat als dit leek te gebeuren, het gebeurde omdat de studies onvolledig waren.

Bell voerde aan dat er zeker geen computerelementen waren, omdat het onmogelijk was dat het fenomeen 'verstrengeling' de eigenschappen bezat die eraan werden toegeschreven.

Bell's artikel liet echter een mogelijkheid voor verificatie open, omdat het een nieuw experiment suggereerde, een vereenvoudigde versie van het EPR-experiment. Dit experiment zou kunnen worden bereikt door de fotonpolarisatie te meten.

Misschien had Bell het niet verwacht, maar iemand nam het op zijn woord en de voorgestelde experimenten werden gedaan. Sinds de jaren 80 zijn er veel geweest.

Al deze experimenten leveren het bewijs dat op het kwantumniveau het lokalisme van de klassieke natuurkunde niet langer geldig is en niet-lokale eigenschappen het overnemen. De voorspellingen met betrekking tot de kenmerken van de Quantumverstrengeling werden bevestigd in het laboratorium.

Alain Aspect was de eerste die de uitdaging van Bell op zich nam en het experiment uitvoerde dat de niet-lokaliteit van de "verstrengelde" deeltjes bevestigde.

Aspect wist dat een aantal van dergelijke experimenten al in de VS waren geprobeerd, tussen 1972 en 1976. Het meest recente werd gedaan door Fry en Thompson en had bevestigingsresultaten gegeven voor de niet-lokaliteit van het kwantumniveau.

Aspect configureerde zijn experiment volgens de aanwijzingen van Bell, die voorstelde hoe het moest (het was een verbeterde versie van het EPR-experiment). Bell bleef echter sceptisch over de resultaten.

Het ging niet zoals Einstein en Bell dachten. In 1982 publiceerde Aspect de resultaten, die definitief vastlegden hoe de kwantumrealiteit werd bepaald door niet-lokaliteit.

Het experiment van Aspect bestond uit het stimuleren van een atoom om het twee fotonen te laten uitzenden die in verschillende richtingen waren gericht. Hij gebruikte een bundel calciumatomen als de bron van fotonen. Atomen waren opgewonden door een laser, en dit vereiste een elektron van elk atoom om twee banen over te slaan.

Toen het elektron de benodigde energie verminderde, toen het twee niveaus naar de kern naderde, stootte het een paar fotonen uit, dat is twee quanta van licht.

Deze fotonen geboren uit dezelfde kwantumsprong, dat wil zeggen van het elektron zelf, worden gecorreleerde fotonen genoemd. We kunnen ze beschouwen als een tweeling die door dezelfde moeder is geboren.

Deze twee tweelingfotonen gedragen zich overeenkomstig de kenmerken van de niet-lokaliteit waarvan we in de voorgaande hoofdstukken hebben gesproken, en bevestigen de niet-lokaliteit van het kwantumniveau.

Non-lokaliteit betekent dat er op dat niveau geen tijd of ruimte meer is: energie en informatie reizen niet met een vooraf bepaalde snelheid, hoogstens die van licht.

Integendeel, ze reizen helemaal niet: ze zijn beiden hier en daar tegelijkertijd. Ze leven ook in een eeuwig "nu", omdat er op het niet-lokale niveau geen voor en na zijn. Inderdaad, als we precies willen zijn, is er niet eens "nu".

Deze verbazingwekkende eigenschappen doen ons begrijpen waarom de verstrikkingstheorie zoveel moeilijkheden heeft gehad om zichzelf te vestigen.

Vandaag, ongeveer dertig jaar later, is het experiment van Alain Aspect op talloze manieren en gelegenheden herhaald. We zijn gekomen om verstrengeling niet langer alleen tussen twee, drie of meer deeltjes te creëren, maar onlangs onder miljoenen deeltjes.

Als we twee fotonen bekijken die samen zijn gemaakt, dat wil zeggen gecorreleerd, zien we dat ze, alsof ze een menselijke tweeling zijn, een mysterieuze band tussen hen behouden. Maar niet alleen als twee menselijke tweelingen: veel meer.

Volgens de natuurkundige regels kan elk foton een waarde hebben, genaamd "spin", die wiskundig gelijk is aan medium en positief (+1/2) of negatief (-1/2) kan zijn.

Dit zijn tegengestelde waarden. Om elkaar beter te begrijpen, zullen we voorbeelden maken door ons voor te stellen dat de twee fotonen Petrus en Antonietta worden genoemd, dat wil zeggen, het ene mannelijke en het andere vrouwelijke.

Eenmaal gegenereerd, verlaten de twee fotonen in twee tegengestelde richtingen, elk op zichzelf. Voor nu is de enige link die we toeschrijven aan de twee fotonen gerelateerd, dat wil zeggen, geboren uit dezelfde elektronvader (of moeder, als je dat liever hebt).

Wat gebeurt er als we het geslacht van Peter veranderen zodat het Pierina wordt?

Onmiddellijk verandert zelfs Antonietta seks en wordt Antonio!

Misschien denk je: Elementair, Antonietta was heel dicht bij Pietro, dus merkte ze het op en veranderde ook haar geslacht, als reactie op de schok.

Maar als we het experiment herhalen met Pierina hier en Antonio naar het andere einde van de wereld brengen, gebeurt hetzelfde.

Dan zeg je: - Goed. Maar aan de andere kant van de wereld zal Antonio het na een bepaalde periode opmerken.

Figuur 35. Twee verwante fotonen, zelfs als ze worden gedeeld door immense afstanden, blijven zich gedragen alsof ze één waren. Dit bevestigt de niet-lokaliteit van de 'verstrengelde' realiteit, niet onderworpen aan de regels van tijd en ruimte.

Wrong. Antonio verandert zijn geslacht op hetzelfde moment als Pierina. Er treedt geen vertraging op. Het maakt niet uit op welke afstand van het universum de twee worden geplaatst. (Zie Fig. 35).

Liberties kostuums van "entangled" fotonen

Laten we ons nu voorstellen dat Peter, voor de gevallen van het leven, moet vertrekken voor een zakenreis. Op zijn reis ontmoet hij Luigina, die deel uitmaakt van een ander stel. Luigina is "entangled" in Marco.
Tegelijkertijd is zelfs Marco ver weg van Luigina. (Zie Fig. 36). Het zal de sympathie zijn, het zal de afstand zijn, Pietro en Luigina raken 'verstrikt' in elkaar.
Terselfdertyd is selfs Marco baie ver van Luigina. (Sien Figuur 36). Dit sal die simpatie wees, dit sal die afstand wees, Pietro en Luigina word met mekaar verstrengel.
Denk je dat Antonella en Marco zullen lijden voor het verraad en boos zullen worden vanwege jaloezie? Helemaal niet. Onmiddellijk raakt Antonella 'verstrikt' in Marco, ook al heeft hij hem nog nooit in zijn leven gezien.
Dus als we het geslacht van Antonella veranderen waardoor ze Antonio wordt, wordt Marco zelfs Marcella, Pietro wordt Pierina en Luigina wordt Luigi.
Ingewikkeld? Waarschijnlijk wel, maar de dingen tussen de deeltjes werken zo.
Gelukkig, zegt u, gebeurt het alleen tussen de gerelateerde deeltjes. Natuurlijk, maar in feite zijn alle deeltjes in het universum verwant, omdat ze allemaal gerelateerde waren van de oerknal zelf.
Daarom is alles in het niet-lokale universum één, niets is onafhankelijk. We zijn allemaal verbonden met het hele universum.

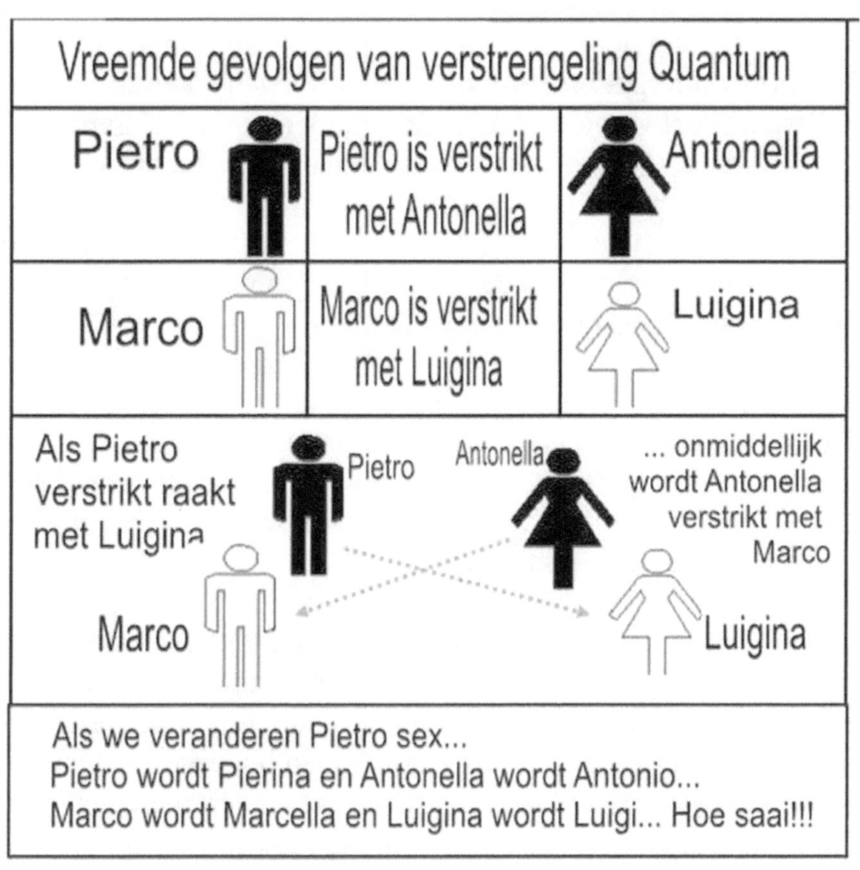

Figuur 36. Vreemde effecten van verstrikking. Verstrengeling tussen meer dan twee gerelateerde fotonen.

Op een niet-lokaal niveau zijn er geen belemmeringen voor kennis- of tijdsbelemmeringen. In het niet-lokale niveau is alle kennis van het universum tegelijkertijd beschikbaar.

We zijn ondergedompeld in deze universele kennis en we maken er deel van uit. Het is niet ongewoon dat kruimels van deze kennis van het niet-lokale naar onze bewuste geest kunnen glippen.

Een vraag die veel mensen stellen is: maar veroorzaken al deze "seks veranderende" deeltjes geen reactie in het universum? Absoluut niet.

Wat we in een voorbeeld hebben voorgesteld als een verandering van geslacht, is eigenlijk de verandering van de "spin", dat is de omkering van het rotatiebewustzijn.

In welke richting de deeltjes ook draaien, ze produceren geen gevoelige effecten op het functioneren van het universum, zolang ze blijven ronddraaien.

We hebben enkele conventies opgesteld. Dientengevolge moeten dingen zich in zekere zin omdraaien, alleen maar omdat we het gewend zijn ze zo te zien keren. Denk je dat als een chef-kok mayonaise van rechts naar links of van links naar rechts verandert, er iets verandert in het eindresultaat? Als we plotseling de klokken zouden veranderen en besloten dat de wijzers tegen de wijzers van de klok in zouden draaien, zou dat dan iets veranderen in de volgorde van uren?

20 - De implicaties van quantumverstrengeling.

Verstrengeling is er allemaal, maar laten we eens kijken wat de consequenties zijn. De eerste is dat de belangrijkste overtuigingen van de traditionele natuurkunde worden ontmanteld.

Verstrengeling demonteert mechanisme

Causaliteit, wat een fundamentele eigenschap van de klassieke natuurkunde is. Het bepaalt dat informatie, om tussen twee lichamen te reizen, fysiek moet worden vervoerd. Bovendien kan de snelheid van het bericht nooit hoger zijn dan de lichtsnelheid van 300.000 kilometer per seconde. Maar in de verstrengeling zijn er geen draden die Petrus en Antonella verbinden. Bovendien is informatie absoluut eigentijds, dat wil zeggen dat het veel sneller reist dan licht.

Verstrengeling weerlegt de vaste richting van de tijd

Tussen een actie en zijn reactie moet een fractie van de tijd gaan, zelfs oneindig klein, omdat de feiten eerst voorkomen en dan de gevolgen optreden. Maar Antonella's antwoorden op Pietro (of andersom) hebben geen tijd nodig, ze zijn eigentijds.

In de niet-lokaliteit is er geen ruimte en tijd

De elementaire deeltjes leven een dimensie waarin tijd en ruimte niet bestaan: ze zijn met elkaar verbonden (verstrikt) met elkaar voorbij ruimte en tijd.

Hoe is dit mogelijk? Hoe worden Antonella en Pietro zich bewust van de verandering in het andere deeltje, waar komt deze kennis vandaan en hoe vormt deze zich?
Een van de antwoorden geeft aan dat de twee alleen schijnbaar van elkaar gescheiden zijn, maar ze blijven één ding zoals ze waren in het elektron dat ze heeft gegenereerd.
Of, hoewel ze gescheiden zijn, ze zijn verenigd door één grote universele Geest, zodat ze kunnen communiceren alsof ze nog steeds verenigd zijn in het elektron waaruit ze geboren zijn. Ze hebben geen twee afzonderlijke gedachten, maar ze maken deel uit van dezelfde geest. Het niet-lokale niveau is de grote, unieke gedachte van het universum.

De drie niveaus van de werkelijkheid of de kosmologie van de werkelijkheid.		
Fysieke niveau of fysieke kosmos	**Quantum niveau of quantistic kosmo**	**Niet-lokaal niveau of psychische kosmos.**

Niveau van de dingen onderworpen aan de regels van tijd en ruimte.	Midden-aarde. Dingen onderworpen aan niet-plaats regels.	Niveau van pure psyche niet onderworpen aan de regels van tijd en ruimte.

Figuur 37. De drie niveaus van de realiteit. Met betrekking tot de experimentele resultaten op verstrengeling kunnen we met zekerheid het bestaan van drie niveaus van realiteit bevestigen. Van deze niveaus, tot een paar decennia geleden, kenden we alleen de eerste.

VI. Extrazintuiglijke percepties

*"De wetenschap kan het mysterie
van de natuur niet oplossen.
En dit omdat we uiteindelijk zelf deel uitmaken
van het mysterie dat we proberen op te lossen. "
(Max Planck, initiator van de kwantumfysica)*

Over buitenzintuiglijke percepties gesproken, we kunnen hoofdzakelijk drie vragen stellen:
- Bestaan ze echt?
- Hoe komen ze voor?
- Wat zijn ze precies?

Als we alles wat we tot nu toe gezegd hebben overdenken, is er niet veel meer te zeggen over de eerste twee vragen. Het is duidelijk dat de buitenzintuiglijke waarnemingen echt bestaan. Ze komen voor als afleveringen van communicatie tussen het individuele geweten en het niet-lokale niveau.

Een kleine samenvatting van de kenmerken van de niet-lokale is opgenomen in figuur 38. In de verschillende culturen die in de loop van de millennia zijn afgewisseld, is het niet-lokale niveau altijd als bestaand beschouwd. Het is echter geïdentificeerd met een enorme variëteit aan namen en kenmerken.

De meest voorkomende kenmerken zijn in de vorige hoofdstukken aangegeven, maar voor meer duidelijkheid heb ik ze in de figuur samengevat. Dit is om duidelijk te maken dat we vaak, zelfs als we verschillende namen gebruiken, praten over een unieke realiteit.

De inhoud van deze figuur wil niet oneerbiedig zijn ten opzichte van enig geloof, religieus geloof of spiritualiteit. Dit is de reden waarom ik de inhoud heb verdeeld door ze te verzamelen onder de kop "Laic Vision" of "Religious Vision".

Ik denk dat het duidelijk is dat de hypothesen van de seculiere visie die van de religieuze visie bevestigen, en omgekeerd.

Zonder stil te staan bij de eerste twee vragen, willen we de derde beantwoorden.

<table>
<tr><td colspan="3"><h2>Bezit van het niet-lokale niveau (psychische kosmos).</h2></td></tr>
<tr><td><h1>Names</h1></td><td><h1>Inhoud</h1></td><td><h1>Interacties</h1></td></tr>
<tr>
<td>

SECULIERE VISIE.
Zetel van ideeën.
Anima Mundi.
Unus Mundus.
Collectieve bewustzijn.
Universele geest.

RELIGIEUZE VISIE
Gaf.
Man.
Brahman
Atman.

</td>
<td>

SECULIERE VISIE
Informatie.
Energie.
Idee.
Archetypes.
Krachtvelden.
Morfogenetische
velden.

RELIGIEUZE VISIE
Word.
Energie.
Wijsheid.
Creatieve
kracht.

</td>
<td>

SECULIERE VISIE
Genereert de.
synchroniciteit
Reageert op
Force veld
benadrukt
Genereer profeten
en profetieën.
Bevordert kennis

</td>
</tr>
</table>

Figuur 38. Samenvatting van eigenschappen van het niet-lokale niveau. De niet-lokale term geeft aan dat deze nergens fysiek kan worden gelokaliseerd.

Ons is altijd verteld, sinds de tijd van Aristoteles, dat het menselijk lichaam vijf zintuigen heeft: zien, horen, aanraken, proeven, ruiken. Deze zintuigen zijn diegene die ons in staat stellen om fysiek te communiceren met de omringende wereld, om nuttige informatie te verkrijgen om te overleven.

In de volkswijsheid is er een andere zintuig, de zesde, die geen fysieke bemiddelaars (handen, tong, ogen, enz.) Gebruikt om zijn werk te doen, maar het doet het even goed. Het is de intuïtie.

Intuïtie is die bagage van kennis die we hebben verzameld in onze levenservaring, en kan ons vrij vaak voorstellen wat we kunnen vertrouwen en wat niet. Hiermee kunt u beslissen wat moet worden gedaan en wat niet. Uiteindelijk helpt het ons te begrijpen hoe we zo min mogelijk risico kunnen nemen in het licht van onzekere situaties.

Hoe groter onze ervaring, hoe meer de intuïtie werkt. Dus de intuïtie, als aan de ene kant kan worden beschouwd als buitenzintuiglijk omdat het niet wordt gemedieerd door een fysiek orgaan, aan de andere kant is het niet om twee goede redenen.

De eerste is dat het geen onbekende en externe kennis toevoegt aan onze kennis. Het herformuleert simpelweg de informatie die we al hebben. De tweede reden is dat de intuïtie wordt gemedieerd door ons brein, dat zijn fysieke consistentie heeft

Daarom werkt het zesde zintuig rationeel op bekende gegevens; integendeel, het zevende zintuig werkt in ons bewustzijn, op een volkomen irrationele en onvoorspelbare manier, gegevens en informatie uit die vaak nog nooit onze geest en onze kennis hebben aangeraakt. Dat wil zeggen, het zevende zintuig introduceert ons tot werkelijkheden die totaal vreemd zijn aan ons dagelijks leven en onze ervaring.

De kosmos

De term *kosmos* in filosofie betekent een geordend of harmonieus systeem. De oorsprong van het woord is de Griekse *kósmos*, wat *orde* betekent. In wetenschappelijke taal wordt kosmos beschouwd als een synoniem van het universum.

Kosmologie bestudeert de materiële structuur en de wetten die het universum beheersen en opgevat als een geordend geheel. Op het gebied van filosofie is hij geïnteresseerd in het universum met betrekking tot ruimte, tijd en materie.

Kosmologie heeft zijn historische oorsprong in de religieuze verhalen die handelen over de oorsprong van alle dingen, en in de grote pre-moderne filosofisch-wetenschappelijke systemen, zoals het Ptolemeïsche systeem.

Moderne astronomische kosmologie, aan de andere kant, is de wetenschap die het universum als geheel, zijn oorsprong en zijn evolutie bestudeert. In deze zin is het nauw verbonden met de filosofische kosmologie, maar neigt het ernaar om veel metafysische of religieuze theorieën over de oorsprong van de wereld te corrigeren.

Momenteel is kosmologie een fysische wetenschap waarin verschillende disciplines samenkomen, zoals astronomie, astrofysica, deeltjesfysica en algemene relativiteit.

In dit boek praten we over de kosmos en brengen in deze term de hele realiteit samen:
- het zichtbare universum (fysieke kosmos)
- het niveau van elementaire deeltjes (kwantumkosmos)
-het niveau van niet-lokaliteit (psychische kosmos).

Definitie van buitenzintuiglijke waarneming

De term zevende zintuig kan sommige eigenschappen die wetenschappelijk meer bekend staan als extrazintuiglijke waarnemingen, of ESP (afkorting voor *Extra Sensory Perception*) goed definiëren. Dit zijn:

- **Voorkennis**, of het vermogen om de toekomst te voorspellen.
- **Helderziendheid** of het vermogen om dingen visueel waar te nemen die normaal niet zichtbaar zijn.
- **Telepathie**, of het vermogen om met het denken te communiceren.

Het vakgebied van de studie van buitenzintuiglijke waarnemingen wordt ook wel parapsychologie genoemd.

Deze vaardigheden worden vaak beschouwd als "informatie die van de buitenkant naar de binnenkant van de geest stroomt".

Een ander soort ESP, telekinese, wordt beschouwd als "informatie die van de geest naar buiten stroomt".

In feite bestaat telekinese uit het vermogen om materie te beïnvloeden met de kracht van de geest, en het wordt uitgedrukt met fysieke verschijnselen, van levitatie tot bilocatie tot het buigen van metalen voorwerpen, tot teleportatie, tot tijdreizen.

Met betrekking tot voorkennis, helderziendheid en telepathie zijn veel studies uitgevoerd, vooral in de negentiende en twintigste eeuw, om hun overeenkomst met de werkelijkheid te verifiëren. De meest wijdverspreide experimentele verificatiemethode was het zogenaamde *Ganzfeld-experiment.*

Het Ganzfeld-experiment.

"Ganzfeld" is een Duitse term die "uniform veld" betekent. Deze term werd in 1930 bedacht door Wolfgang Metzer, een Duitse psycholoog die een van de oprichters was van de Gestaltschool in Berlijn. Het geeft een perceptief veld aan geconstrueerd met experimentele methoden om de optimale omstandigheden te creëren voor de bestudering van buitenzintuiglijke waarnemingen.

In een Ganzfeld-experiment heeft het te onderzoeken onderwerp een koptelefoon op de oren en twee halve pingpongballen op de ogen. Er komt een witte ruis uit de koptelefoon. Voor het gezicht bevindt zich een intens rood licht dat door de halve bollen filtert. Op deze manier willen we de isolatie van elke mogelijke externe afleiding garanderen.

Na een bepaalde periode in deze toestand probeert men beelden naar het onderwerp over te brengen met een extra sensorisch kanaal, bijvoorbeeld op telepathische wijze.

Terwijl een persoon die op een andere plaats is geplaatst zich concentreert op het beeld dat moet worden overgedragen, beschrijft de ontvangende persoon wat hij in zijn hoofd ziet.

In veel experimenten worden aan het einde van de verzendpoging vier afbeeldingen gepresenteerd aan het onderwerp en gevraagd om aan te geven welke het dichtst bij het beeld ligt dat hij denkt te hebben ontvangen. (Zie Fig. 39).

In deze gevallen zou het statistische succespercentage 25% zijn (één op vier). Als de ontvanger de afbeelding in 25% van de gevallen raadt, is het resultaat dus gemiddeld en is het experiment mislukt.

Over deze experimenten schrijft de CICAP op haar website:

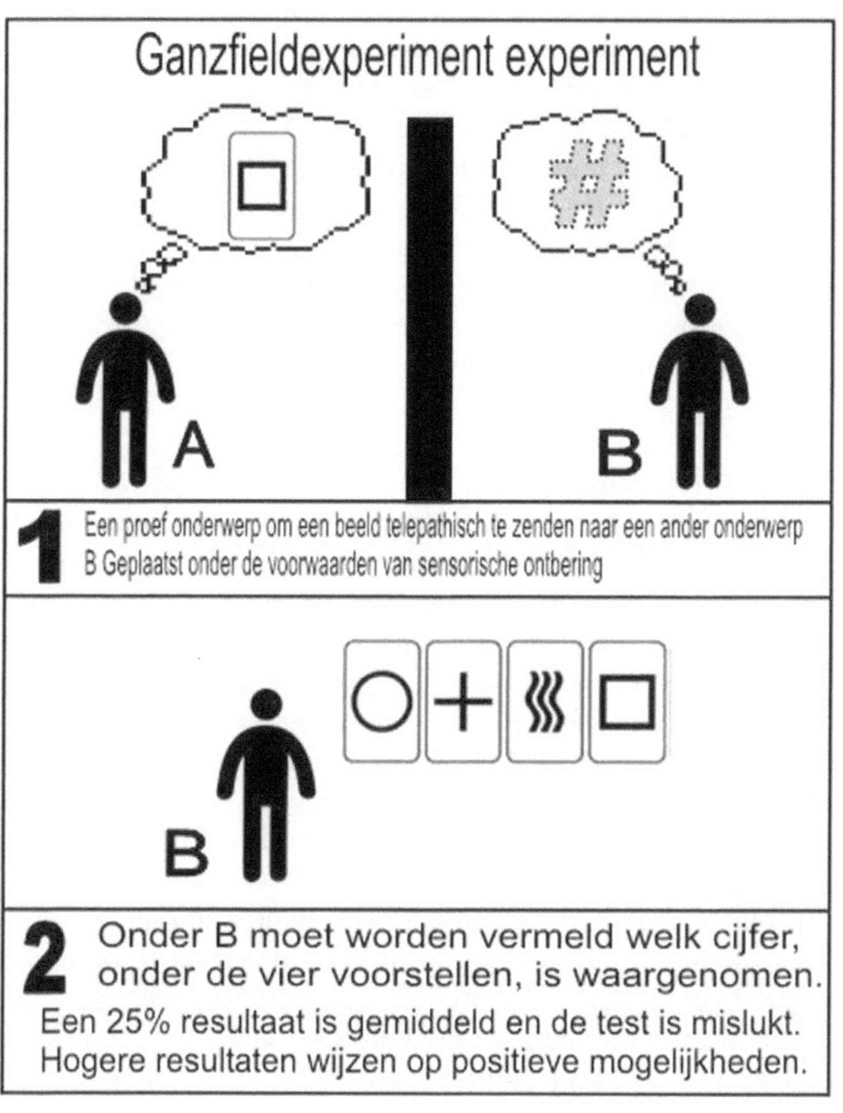

Figuur 39. Diagram dat een typisch Ganzfeld-experiment toont.

"In de eerste experimenten ganzfeld was het slagingspercentage 33-34%. We zijn daarom geconfronteerd met een statistische anomalie die volgens sommigen het bestaan bewijst van niet-normale communicatiekanalen van informatie. "

In 1994 publiceerden Bern en Honorton een artikel met de titel "Bestaat er buitenzintuiglijke waarneming? Een herhaalbaar bewijs van een abnormaal proces van informatieoverdracht ".

Deze conclusies werden vervolgens op grote schaal bekritiseerd door andere geleerden. "

In feite is er bij alle experimenten met betrekking tot het psychische veld altijd een probleem van herhaalbaarheid. Dit hangt af van het feit dat emotie haar rol doortastend speelt, zoals we al hebben gezien in hoofdstuk 9.

Elk contact met de niet-lokale wordt begunstigd door bijzondere stressvolle omstandigheden of door kritieke momenten in het leven. Ze weten dat de fenomenen van telepathie absoluut vaker voorkomen onder mensen die gebonden zijn door sterke banden van vriendschap of verwantschap, en een enorme piek bereiken tussen moeders en kinderen.

In plaats daarvan worden aan de onbekende mensen in de experimenten vaak gevraagd om 'kille' beelden te delen die normaal gesproken geen emotionele betekenis hebben.

Een ander probleem komt van gewoonte en verslaving. Mensen die constant hetzelfde experiment herhalen, voelen zich steeds minder betrokken. Dat wil zeggen dat mensen zich uiteindelijk overgeven aan verveling.

Telepathie, ook wel overdracht van gedachten genoemd, is het vermogen om met de geest te communiceren, zonder het gebruik van andere hulpmiddelen of apparaten die een fysieke verbinding tussen de betrokken personen creëre.

In de praktijk gaat telepathie over het feit dat twee fysiek gescheiden mensen met elkaar in contact kunnen komen. Dit gebeurt ongeacht de afstand of omstandigheden.

Dit vermogen om emoties en gevoelens op afstand te delen, wordt sterk door de materialistische wetenschap uitgedaagd. Telepathie is in feite in tegenspraak met de veronderstelling dat er niets buiten de hersenen is: gedachten, emoties, verlangens en alles wat paranormaal begaafd is, wordt geboren in de schedel en sterft op dezelfde plaats.

Volgens de materialistische wetenschap zijn er geen "gedachten" die in staat zijn om van het ene brein naar het andere te vliegen. Elke ervaring van telepathie wordt, in het meest welwillende geval, als een illusie beschouwd. Als we getuige zijn van telepathie, worden we vaak beschouwd als slachtoffers van schizoïde persoonlijkheidsstoornissen.

Desondanks beweren veel mensen dat ze telepathische ervaringen hebben gehad. In verschillende onderzoeken in de VS of het Verenigd Koninkrijk, zegt 40 tot 60% van de respondenten dat ze telepathische persoonlijke ervaringen hebben gehad.

Het lijkt erop dat er twee soorten telepathie zijn. Een eerste type is het type dat voorkomt tussen mensen die fysiek dichtbij zijn, die elkaar kennen en al met elkaar communiceren. Het is het klassieke geval waarin iemand de ander vertelt "Je leest mijn gedachten", wat betekent dat zijn intentie perfect begrepen en ontcijferd is.

Het tweede geval heeft te maken met twee fysiek ver weg gelegen personen. Het treedt op wanneer iemand "de roep" van de ander hoort. Deze oproep kan een gedachte zijn die hen bindt, of het beeld ervan. Soms gebeurt de oproep wanneer de stem van de beller hoorbaar is. Dit gebeurt meestal tussen mensen die nauwe banden hebben, vooral wanneer zich omstandigheden van nood of gevaar voordoen.

Experimenten van Joseph Rhine

Klassieke experimenten op telepathie vinden plaats door middel van tekeningen. Een persoon, geplaatst in een geïsoleerde kamer, kiest een object en maakt er een schets van. Vervolgens concentreert hij zich op het sturen van de geproduceerde figuur naar de ontvangende persoon, geplaatst in een andere kamer.

Deze tweede persoon probeert het figuur te ontvangen en te repliceren dat aan hem is doorgegeven. Aan het einde worden de afbeeldingen vergeleken om alle gemeenschappelijke aspecten te identificeren.

De eerste studies over telepathie werden uitgevoerd door de British Society for Psychical Research aan het einde van de 19e eeuw.

In 1930 werd het eerste laboratorium voor parapsychologie opgericht aan de Duke University in Durham, VS, waar experimenten met Zener-kaarten werden uitgevoerd door de bekende Joseph Rhine.

Rhine was de eerste die experimentele en statistische methoden toepaste in de zoektocht naar het bestaan van een geest-tot-geest overdracht of telepathie, die hij 'buitenzintuiglijke waarneming' noemde. Hij is zeker een van de pioniers van de parapsychologie.

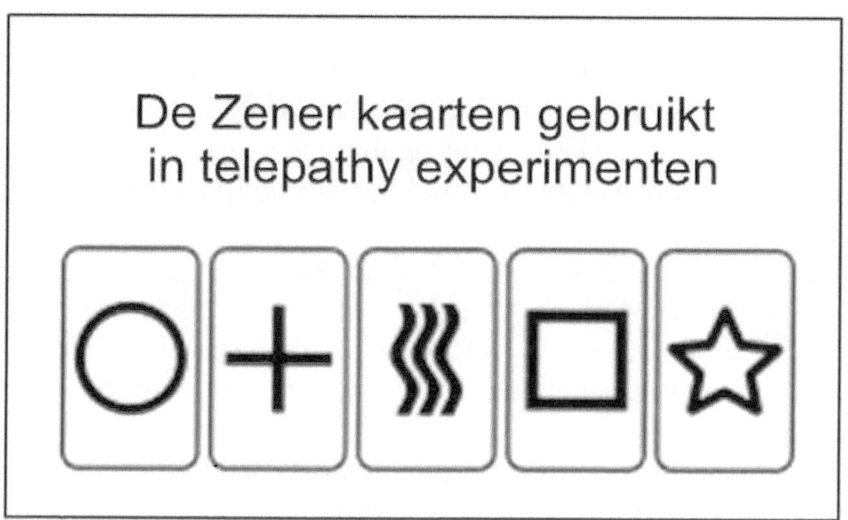

Figuur 40. Zener-kaarten, gebruikt in veel experimenten in het parapsychologisch veld. Het is een reeks van vijf symbolen die vijf keer worden herhaald, voor een totaal van 25 kaarten.

Zener-kaarten zijn een speciaal soort kaarten, ontworpen door Karl Zener, een psycholoog, die Joseph Rhine in zijn experimenten gebruikte.

Het kaartspel bestaat uit 25 kaarten met een rechthoekige vorm als gemeenschappelijke speelkaarten. Ze zijn verdeeld in vijf groepen met een teken: de cirkel, het kruis, het vierkant, de ster en de golf. Het kaartspel bevat 5 gelijke groepen. (Zie Fig. 40).

Het experiment uitgevoerd door Rijn was gebaseerd op twee personen. De een vroeg de ander om de kaart te raden die hij uit het kaartspel trok. In de precognitie-experimenten wisten geen van beiden de gekozen kaart, die op zijn rug bleef staan

In plaats daarvan, in de telepathie-experimenten, zag de eerste van de proefpersonen wat voor soort papier het was en probeerde het mentaal door te geven aan de andere persoon.

Natuurlijk werden de twee mensen in verschillende kamers geplaatst.

Volgens een statistische hypothese, en volgens de wet van grote aantallen, moet de kans om een kaart van het kaartspel te raden ongeveer 20% bedragen (1 van de 5).

De heer Rhine kreeg echter beduidend grotere verschillen van dit percentage. De resultaten van zijn onderzoek werden in 1940 gepubliceerd in een boek dat bekendstaat als ESP-60, dat door de universiteit van Harward werd aangenomen als een leerboek voor cursussen psychologie.

Experimenten van Upton Sinclair

Upton Beall Sinclair werd in 1878 in Baltimore geboren. Terwijl hij te midden van voortdurende economische tegenspoed leefde, werd hij van de jeugd in socialistische idealen geduwd.

Figuur 41. Upton Sinclair en de omslag van zijn boek Mental Radio gepubliceerd in 1930 met een voorwoord van Albert Einstein.

Hij bereikte een doorslaand succes met de roman *The Jungle* over de schandalige toestand van arbeiders op de veemarkten in Chicago.

Het boek werd becommentarieerd door Jack London "het verhaal van Uncle Tom's Cabin herhaalt zichzelf". Hij werd beoordeeld door Churchill en ontving woorden van diepe bewondering van Bernard Shaw.

In 1930 voerde hij samen met zijn tweede vrouw Mary Craig Sinclair experimenten uit van een parapsychologische aard met betrekking tot de duplicatie van beelden door middel van telepathische communicatie.

In zijn boek *Mental Radio* (zie Fig. 41) worden de gemaakte experimenten beschreven. Hij voerde 290 pogingen uit om de beelden te dupliceren. Zijn vrouw Mary reproduceerde met succes 65. Daarnaast maakte ze 155 'gedeeltelijke successen' en 70 mislukkingen. Zijn boek was een groot succes. De Duitse editie bevatte een voorwoord geschreven door Albert Einstein, die als volgt luidde:

"Ik las het boek van Upton Sinclair met grote belangstelling en ik ben ervan overtuigd dat het de grootste aandacht verdient, niet alleen van de leek, maar ook van professionele psychologen.

De resultaten van de telepathische experimenten, met zorg en helderheid in dit boek uitgelegd, gaan beslist verder dan wat een wetenschapper denkbaar kan denken. Aan de andere kant bestaat er geen mogelijkheid dat een serieuze schrijver als Sinclair opzettelijk een misleiding begaat in zijn interpretatie van de wereld.

Die resultate van die telepatiese eksperimente, wat met sorg en duidelikheid in hierdie boek verduidelik word, gaan beslis verder as wat 'n wetenskaplike denkbaar kan dink. Aan die ander kant is daar geen moontlikheid dat 'n ernstige skrywer soos Sinclair opsetlik 'n misleiding pleeg in sy interpretasie van die wêreld nie.

Zijn goede trouw en betrouwbaarheid kunnen niet worden betwijfeld. Dus als de feiten die het blootlegt niet gebaseerd zijn op telepathie, maar op een onbekende hypnotische invloed die optreedt tussen persoon en persoon, zou dit toch van groot psychologisch belang zijn. Kringen die geïnteresseerd zijn in psychologie moeten deze tekst niet negeren ".

Deze paar woorden van Einstein zijn een heel duidelijk voorbeeld van wat een lichtgevende geestwetenschapper onderscheidt van de massa van middelmatige denkers. Einstein was altijd bezield door diepe nieuwsgierigheid en dorst naar kennis. Hij sloot niet a priori alles uit, maar gaf in ieder geval niet op met onderzoeken, experimenteren.

Dit bracht hem ertoe om theorieën, zoals de relativiteitstheorie, uit te werken die niemand zich had voorgesteld en waarin niemand zou hebben geloofd, zo niet iemand als hij, een geest zonder vooroordelen.

Met hetzelfde criterium verwerpt Einstein de implicaties van de kwantumfysica a priori niet. Ideo het experiment EPR om te verifiëren wat echt was, zelfs buiten zijn twijfels.

De experimenten van René Warcollier

Warcollier werd geboren op 8 april 1881 in Omonville-la-Rouge in Parijs. Hij studeerde in 1903 af in de chemische technologie aan de Ecole Nationale Supérieure de Chimie.

Figuur 42. René Warcollier, Franse ingenieur en parapsycholoog, en de cover van zijn succesvolle boek Mind to Mind over zijn telepathische experimenten, gepubliceerd in 1948, maar nog steeds opnieuw uitgegeven.

Hij patenteerde verschillende processen met betrekking tot de synthetische productie van edelstenen en creëerde speciale schermen voor filmprojectie. Hij had een actieve belangstelling voor parapsychologie, zozeer dat hij president van het Institut Métapsychique International was.

Zijn belangrijkste telepathische studies werden uitgevoerd zodat een of meer "zenders" een beeld zouden waarnemen, terwijl een of meer "ontvangers" het probeerden te reproduceren.

Veel van zijn werk na 1922 omvatte veel afzenders en ontvangers verspreid over heel Frankrijk; hij gebruikte ook afzenders en ontvangers in verschillende landen, zoals Frankrijk en de Verenigde Staten, of Frankrijk en Groot-Brittannië.

Zijn experimentele methode was een stap voor op de vorige omdat hij tekeningen van echte objecten gebruikte. Warcollier verwijderde de statistische methode en probeerde rechtstreeks bewijs te verkrijgen voor telepathie.

Hij beweerde dat, volgens zijn experimenten, mannen gedachten beter overbrengen dan vrouwen, terwijl vrouwen betere ontvangers zijn. Hij verklaarde ook dat jongere mensen gevoeliger zijn voor mentale indrukken dan oudere mensen.

Zijn experimenten concentreerden zich op de manier waarop de originele beelden werden gezien als verstoord door de ontvangers. Warcollier realiseerde zich dat ze niet als hele foto's werden uitgezonden, maar de verschillende componenten van de figuur waren gefragmenteerd en geschud.

Dit word bevestig deur die moderne neurowetenskap, deur die manier waarop visuele beelde deur die brein beskou en gerekonstrueer word. Volgens Warcollier kom telepatiese beelde uit die bewustelose uit in die individuele bewussyn, en hier word hulle verwerk soos die beelde van drome.

Hij concludeerde daarom dat telepathisch overgebrachte beelden vervormd en minder duidelijk zijn dan die normaal waargenomen door zicht.

Warcollier beschreef zijn experimenten in talrijke publicaties, voornamelijk binnen 56 artikelen van de Revue Métapsychique. Ze werden ook gepubliceerd in zijn talrijke boeken, waaronder La Télepathie (1921) en La Métapsychique (1940, 1946) en vooral *Mind to Mind*, gepubliceerd in 1948. Dit boek is vandaag herdrukt. (Zie Fig. 42).

Quantumverstrengeling en telepathie

Alle experimenten die we hebben beschreven zijn gewoon de bekendste. Ze worden geleid door geleerden die quantumverstrengeling nog niet kennen.

De bevestiging van kwantumverstrengeling maakt alle aannames mogelijk over een niet-lokale realiteit, dat wil zeggen, in een psychische kosmos waarin ideeën en gedachten vrijelijk kunnen circuleren. Circulatie kan ook plaatsvinden in de vorm van telepathische transmissies.

We kunnen ons een krachtveld voorstellen, gekoppeld aan elke persoon, dat zijn fysieke realiteit, dat wil zeggen zijn geest en zijn geweten, verbindt met de psychische kosmos waar hij in contact kan komen met alle krachtvelden van het universum.

Hoe meer twee mensen met elkaar verbonden zijn, hoe meer hun krachtvelden communiceren. Deze communicatie, geboren op ons fysieke niveau, gaat door op het niet-lokale niveau, dat wil zeggen in de psychische kosmos.

Bij alle experimenten is altijd gebleken dat het fenomeen telepathie sterker is, hoe meer er een band van vriendschap of verwantschap is tussen de twee mensen, met een maximum tussen moeders en kinderen.

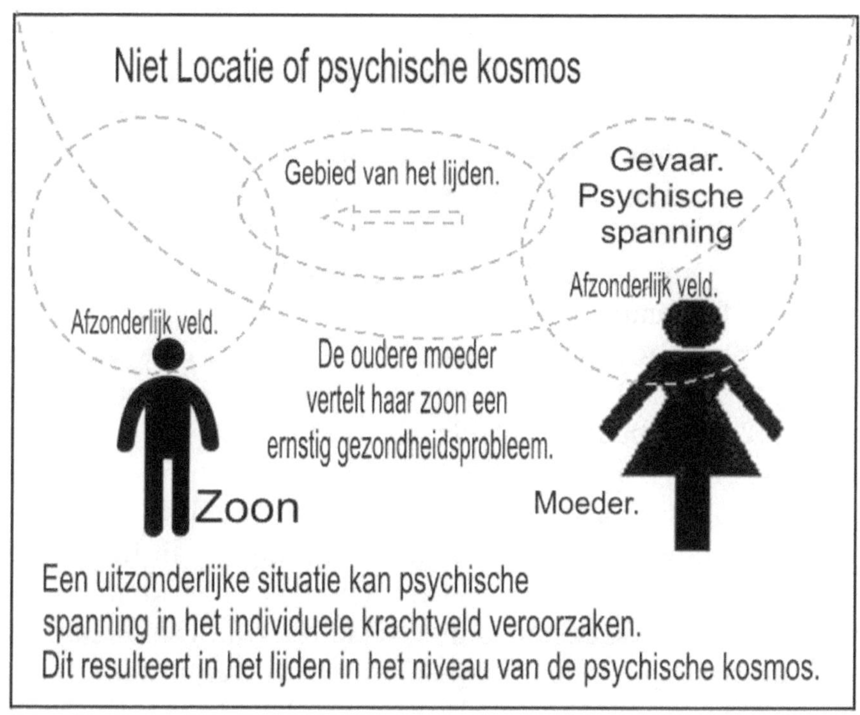

Figuur 43. Exemplificatie van een episode van telepathie. Het individuele krachtveld van de moeder bevindt zich in een staat van spanning vanwege een situatie van mogelijk gevaar. Er ontstaat een leed met het individuele veld van het kind dat "een oproep ontvangt".

In figuur 43 ervaart een oudere moeder een moeilijke tijd als gevolg van een ongeval of een ernstige ziekte. Zijn individuele krachtveld, vol spanning, prikkelt en stuurt alarm naar het individuele veld van het kind.

Tussen de twee kampen is een veld van lijden gevestigd. Het kind beschouwt de ernstige situatie als een "oproep". Het kan op verschillende manieren worden uitgelegd: hij hoort de stem van de moeder, ziet het, ziet de situatie tot in detail, ziet een symbolisch beeld dat hem het gevaar biedt.

Dezelfde situatie is heel gewoon, zelfs bij tweelingen.

Er zijn veel gevallen van tweelingen die, ondanks dat ze na hun geboorte zijn verdeeld, ongelooflijke overeenkomsten in hun leven hebben vastgelegd. Velen geloven dat dit nieuwsgierige maar mogelijke toevalligheden zijn.

Ik noem als voorbeeld het geval van de tweeling van Ohio (VS), Jim Lewis van Dayton en Jim Springer van Lima, die bij de geboorte gescheiden waren en elkaar niet kenden. De lijst met overeenkomsten is inderdaad erg rijk. Het is gemeld door de twee geleerden die geïnteresseerd waren in de zaak, Colin Wilson en Damon Wilson in The Great Book of Unresolved Mysteries.

- Beiden hadden Jim's naam gekregen van hun adoptieouders.
- Beiden hadden de gewoonte om op hun nagels te bijten en te lijden aan migraine.
- Beide rookten hetzelfde merk sigaretten.
- Beiden hadden dezelfde passie voor DIY.
- Beide brachten de vakantie door in hetzelfde gebied.
"Ze hebben allebei hun zonen James en Allan genoemd.
- Ze hadden allebei een hond met de naam Toy.

194

"Ze werkten allebei bij een McDonald's, bij een benzinestation (niet dezelfde keten) en als assistent van sheriff.
- Beiden waren gescheiden en hertrouwd.
- De eerste en tweede vrouw hadden dezelfde namen (Linda en Betty).

Mijn mening is dat deze tweelingen in hun leven, misschien onbewust, doorgegaan zijn met het onderhouden van telepathische relaties, waardoor ze buitengewoon vergelijkbare levenskeuzes hebben aangenomen.

Zintuiglijke toevalligheden tussen een tweeling

De CICAP-website rapporteert voorbeelden van sensorische toevalligheden tussen tweelingen en noemt ze "beslist opvallend".

"Dit zijn zeker sensationele gevallen, zowel in de paren van MZ-tweelingen (monozygoot) die nog steeds verenigd zijn, als ook in die van MZ-tweelingen gescheiden in volwassenheid.
Meestal manifesteren ze zich in de vorm van sensaties die lijken te zijn afgeleid van ervaringen die slechts een van de tweelingen daadwerkelijk ervaart. De ander ervaart het echter ook zonder duidelijke oorzaak.
Dit is bijvoorbeeld het geval bij geboortepijnen die voortijdig in een van de tweelingen verschenen en ook door de ander werden waargenomen (niet-zwanger) die mijlenver weg was en zich totaal niet bewust was van de gebeurtenis.
Zoals het geval van Thelma Furness, die in Europa met een vroege zwangerschap moest

worden behandeld en haar tweelingzus in New York, Gloria Vanderbilt. Gloria, zich totaal niet bewust van vroeggeboorte, voelde hevige buikpijn.

Of het plotselinge ongeluk van een van de tweeling, terwijl een soortgelijk incident gebeurt met de tweede tweeling, na enkele kilometers. Zoals het geval van Ross Mc Whirter, op de avond van 27 november 1975 in Londen in zijn hoofd geschoten, terwijl zijn broer Norris, een identieke tweeling die 30 mijl verderop was, beschuldigde tegelijkertijd ernstige hoofdpijn."

Het concept van het individuele krachtveld, genoemd in figuur 43, verdient nader onderzoek.

Een krachtveld bestaat uit energie en informatie. Als gevolg daarvan bevat iemands krachtveld zijn energie en alle informatie met betrekking tot zijn ego en zijn zelf

Deze informatie is zijn verhaal, zijn ervaringen, wat hij was, wat hij is en wat hij zal zijn. Energie is het onderdeel dat deze informatie levend en werkzaam maakt. De energie en informatie van een levend wezen zou niet kunnen bestaan als deze persoon geen fysiek lichaam had.

In feite wordt de informatie gegeven door de verstrengeling die alle deeltjes die deel uitmaken van het huidige fysieke lichaam in een grote eenheid verbindt en met elkaar verweeft, maar ook die delen die er in het verleden deel van uitmaakten.

We hebben gezien hoe twee "gecorreleerde" fotonen gebonden zijn door een niet-fysieke maar psychische band, die dergelijk gedrag bepaalt, alsof ze één waren, zelfs als ze gescheiden waren.

Deze band is niet alleen geldig voor twee deeltjes, maar voor alle deeltjes die op de een of andere manier samen zijn geboren, of in ieder geval hebben ze nauw met anderen gedeeld over hun geboorte en hun bestaan.

We hebben waargenomen dat alle materie van het universum, samengesteld uit deeltjes die zijn geboren uit de initiële energie-explosie in de oerknal, met elkaar verbonden zijn om in de niet-lokale dimensie een *Anima mundi* te vormen, een grote universele geest. Deze geest bestaat uit alle informatie en alle energie in het universum.

Op het laagste niveau houden we rekening met alle deeltjes die deel uitmaken van een levend wezen of zullen zijn. Deze vormen al zijn informatie en al zijn energie. Men kan zeggen dat ze zijn persoonlijke soul mundi vormen. Misschien vormen ze zijn ziel en dat is het.

In figuur 44 is de ziel mundi van het individu, die door gelijkenis we eenvoudigweg ziel kunnen noemen, absoluut persoonlijk omdat het al zijn informatie en zijn geschiedenis bevat. Deze bevinden zich in het materiële deel dat zijn lichaam heeft gecomponeerd en zijn verbonden door een verstrengeling die niet kan worden opgelost.

Elk wezen communiceert met meerdere velden

Met de term schepsel bedoelen we hier elke aggregatie van materie begiftigd met een eigen identiteit, mineraal, plantaardig of dierlijk.

Een rivier, een madeliefje of een sprinkhaan, evenals een man, bestaat in de drie reeds aangegeven niveaus: fysiek, kwantum en psychisch, en neemt deel aan elk niveau door middel van wat we generiek velden van kracht noemen, samengesteld uit energie en informatie.

Figuur 45 somt verschillende soorten velden op waaraan elk wezen deelneemt.

Elk krachtveld wordt onderscheiden als een morfogenetisch veld, morfisch veld of individueel krachtveld Het is duidelijk dat er veel andere soorten velden kunnen zijn, waarvan sommige onder verschillende namen bekend zijn, afhankelijk van de auteurs die ze hebben voorgesteld, andere nog onbekend.

Het morfogenetische veld bevat het constructieve project van het schepsel. Dit project vertegenwoordigt de procedure volgens welke de verschillende chemische elementen waaruit het wezen bestaat op een bepaalde manier zijn gerangschikt. Het project moet de ontwikkeling van elk schepsel mogelijk maken volgens de kenmerken van zijn soort.

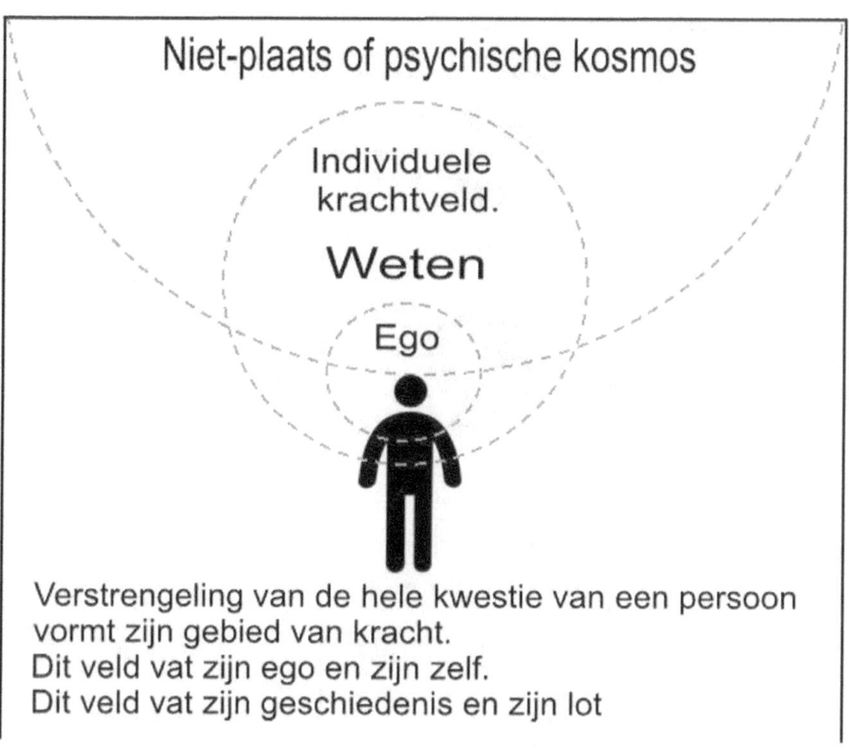

Figuur 44. Het krachtveld van elk "ding" samengesteld uit materie maakt deel uit van de psychische kosmos.

<table>
<tr><td colspan="3" align="center">Elk schepsel communiceert met vele krachtvelden.</td></tr>
<tr>
<td align="center">Morfogenetische veld</td>
<td align="center">Morfic veld</td>
<td align="center">Individuele krachtveld</td>
</tr>
<tr>
<td></td>
<td></td>
<td></td>
</tr>
<tr>
<td>De morfogenetische veld leidt de fysieke ontwikkeling in de verschillende momenten van de groei.</td>
<td>Het Morfic veld verzekert elke soort de correspondentie met de psychologische karakters van de soort.</td>
<td>De individuele krachtveld bevat het persoonlijke verhaal geschreven door het individu zelf.</td>
</tr>
</table>

Figuur 45. De belangrijkste krachtvelden die wezens in hun bestaan vergezellen.

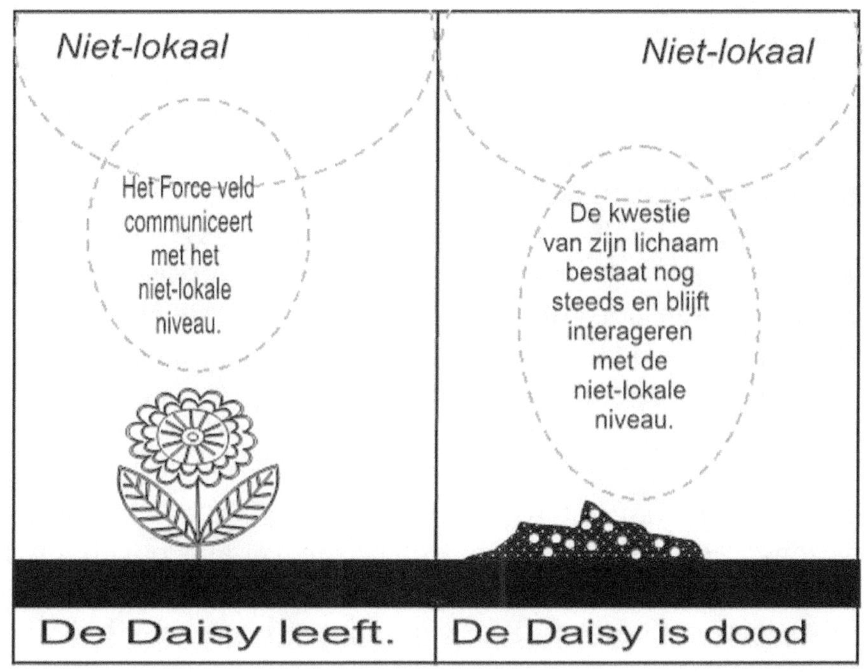

Figuur 46. Het krachtveld van het schepsel houdt niet op te bestaan zolang het materiaal dat zijn lichaam vormde bestaat.

Hierdie veld interaksie met wesens soos hulle ontwikkel, en die veld kan deur dieselfde wesens geraak word. Dit is 'n meerjarige interaksie. Dit verklaar die mutasies.

Het morfische veld bevat de psychische kenmerken van de soort: de instincten, de neigingen, de culturele en spirituele gaven. Ook is dit veld verschillend voor soorten en variëteit en werkt het samen met individuele wezens.

Door de culturele evolutie van de soort te vergroten, wordt deze toename overgedragen naar de opeenvolgende elementen van dezelfde soort. De morfische velden kunnen worden beschouwd als vergelijkbaar met de archetypen. Ze bestaan vóór individuele wezens, maar ze veranderen terwijl de soort zich ontwikkelt.

Het individuele krachtveld bevat alle persoonlijke geschiedenis van het wezen. Dit is anders dan alle andere wezens van dezelfde soort. Het is een verhaal opgebouwd door elke dag te leven volgens variaties als gevolg van externe gebeurtenissen. In het geval van mensen is het te wijten aan de vrije wil.

Het individuele krachtveld is nauw verbonden met het materiële deel, dat wil zeggen met het lichaam van het schepsel. In feite zijn veel ervaringen fysiek van aard, dat wil zeggen dat ze te wijten zijn aan de vijf zintuigen.

Wat de mens betreft, is het duidelijk dat sommige fysiologische processen grotendeels onbewust worden uitgevoerd. De meeste acties vloeien echter voort uit persoonlijke keuzes. Dit bevestigt hoe de individuele krachtvelden verschillend zijn voor elk levend wezen.

Vanwege deze kenmerken kan het concept 'individueel krachtveld' worden vergeleken met dat van 'ziel'.

De vraag die we ons kunnen stellen is: wat gebeurt er met het individuele krachtenveld wanneer het schepsel sterft?

Absoluut niets. In feite brengt de dood niet de vernietiging van materie met zich mee, maar alleen de desintegratie ervan.

Vandaag zeggen kosmologen graag dat we van sterrenstof zijn gemaakt. Inderdaad, het is zo. De atomen van ons lichaam zullen onderdeel kunnen worden van andere lichamen, maar de verstrengeling die hen verenigde zal niet ophouden te bestaan, net zoals het krachtveld niet ophoudt te bestaan.

Het individuele krachtveld blijft in de niet-lokaliteit, in de psychische kosmos, draagt bij tot de verrijking van de daarin vervatte ideeën en draagt voor altijd de geschiedenis van wat is geweest.

Wonderbaarlijk, elk atoom, elk deeltje kan deelnemen aan meer krachtvelden. Dit geldt zelfs als het opnieuw wordt gebruikt bij de constructie van andere wezens.

Als het waar is dat na de dood van een schepsel de materie van zijn lichaam een deel van andere wezens kan worden, is het ook waar dat dezelfde materie die deel uitmaakt van het nu levende schepsel een deel is geweest van andere wezens in het verleden.

Niemand heeft het voorrecht "een nieuwe fabriek te zijn". We zijn allemaal vervaardigd door recycling van materialen die al miljoenen of miljarden keren zijn gebruikt.

Het is immers gemakkelijk om te begrijpen hoe al in ons leven een oneindigheid van afvalproducten van ons lichaam, zoals nagels, zweet, de aërosolen van ons niezen, deel uitmaken van andere lichamen, maar blijven delen en beïnvloeden op ons krachtveld.

Maar dit verbaast ons niet, in het universum waarin alles één is. Dus, is het individuele krachtveld van een wezen onsterfelijk?

Misschien. We weten dat materie energie is, en alle materie in het universum komt van een initiële energielast, die explodeerde in de oerknal.

Het is mogelijk dat in een onvoorstelbare toekomst alle materie van het universum weer zal instorten in energie. Wanneer dit gebeurt, zal er geen materie meer zijn.Waarschijnlijk zal de informatie van elk schepsel verdwijnen, maar niet de energie die terug zal komen om zich aan te sluiten bij de grote, onbekende Energie waaruit het allemaal is begonnen.

Wat gebeurt er met goed en slecht? Misschien zullen de krachtvelden van de geleefde schepselen hun afdruk van goed en kwaad in de Energie brengen.

Dit zal nog steeds spanning creëren in de Energie, die zal ontploffen in een nieuwe Big Bang die een nieuw universum genereert, in een cyclus die alleen zal eindigen als de Energie helemaal gezuiverd en gepacificeerd is. Maar dan zal het echt het einde zijn.

Prescience is het vermogen om kennis van de toekomst te hebben. Degenen die in het bezit zijn van deze faculteit kunnen kennis van gebeurtenissen verwerven voordat ze gebeuren. Ze kunnen plaatsen, objecten of mensen van tevoren zien zoals ze in de toekomst zullen zijn.

Onder deze kop kunnen we veel andere stemmen groeperen, die vaak voor elkaar worden gebruikt, maar verschillende betekenissen hebben.

Het *Presentiment* (a priori voelen) bestaat uit de vage intuïtie dat er iets gaat gebeuren, zelfs als we vaak niet weten wat. Het is niet ongebruikelijk dat een *Presentiment* gevoelens van zorg of stille verwachting teweegbrengt.

Precognition, prescience (a priori kennis) bestaat erin om eerst te weten wat er in een bepaalde toekomst zal gebeuren. In zekere zin vertegenwoordigt voorkennis een geavanceerdere fase dan louter *Presentiment*.

De *Monition* is de kennis van een fenomeen dat zich op een afstand voordoet op hetzelfde moment waarop de *Monition* wordt waargenomen.

Het voorgevoel bestaat uit een emotioneel verschijnsel, verbonden met de verwerving van toekomstige gebeurtenissen waarop we worden gewaarschuwd, gewaarschuwd. Het is vaak een gevoel dat gepaard gaat met een bepaalde actie die wordt uitgevoerd of moet worden uitgevoerd, en stelt ons in staat om de gevolgen met zekerheid te zien.

Helderziendheid (zie duidelijk) bestaat uit de mentale visie van feiten die zich in de toekomst zullen voordoen, zoals ze zullen plaatsvinden, bijna zoals in een foto of in een film.

In 1827 zeilde de walvisvaarder Grampus vanuit Nantucket, een eiland in de Verenigde Staten van Amerika, 48 km ten zuiden van Cape Cod, in de staat Massachusetts. Kapitein Barnard wist dat een verstekeling in het ruim verborgen was, de jonge Arthur Gordon, een goede vriend van zijn zoon Augustus.

Tenslotte was zelfs de kapitein een vriend van Arthur's vader, dus accepteerde hij het bedrog. De afspraak was dat, eens op volle zee, de aanwezigheid van de jongeman "ontdekt" zou worden, maar hij zou aan boord blijven, niet in staat om van boord te gaan. Hiermee wilde de jonge Arthur zijn geest van avontuur samen met Augustus bevredigen.

Alles ging goed voor een paar dagen tot Arthur, niet langer nieuws of voedsel ontving van zijn vriend in zijn schuilplaats. Bezorgd ontdekte hij dat er muiterij met moorden was geweest. Er was bijvoorbeeld sprake van matrozen gedood door de kok met een hakmes, omdat hij zich aan de zijde van de rebellen bevond.

Arthur, zijn vriend Augustus en een berouwvolle rebel slaagden erin een einde te maken aan de opstand. Helaas heeft een storm het schip ernstig beschadigd dat achterbleef zonder regering.

De drie vrienden moesten samen met een andere jongeman, Richard Parker genaamd, haar in de steek laten door toevlucht te zoeken op een ander schip dat terloops was verschenen. Maar zelfs dit schip bleek verlaten te zijn.

Zonder water en voedsel, uitgeput, besloten de vier om een van hen te offeren zodat anderen zichzelf konden voeden om te overleven. De naam Richard Parker werd eruit gehaald

Figuur 47. Het geval van kannibalisme verteld in "The Adventures of Arthur Gordon Pym" in een illustratie van de tijd.

. De jonge man werd onmiddellijk gedood en gekannibaliseerd door de andere drie. Deze werden inderdaad gered.

Het verhaal dat ik hier kort noemde, is een samenvatting van een verhaal geschreven in 1837 door Edgard Allan Poe, een meester in horrorliteratuur. De titel is "The Adventures of Arthur Gordon Pym". Dus het is een fantasieverhaal.

Maar ... weten we zeker dat het echt een verhaal is dat nooit is gebeurd?

Een waargebeurd verhaal. Het zinken van de Mignonette

In 1883 kreeg een rijke Australische advocaat, John Henry Want, die Engeland bezocht, de gelegenheid om een klein 16-meter lang jacht, de Mignonette, te koop te bezoeken. Hij was gefascineerd en besloot het te kopen.

Het probleem was om hem naar Australië te halen als een kleine boot en daarom ongeschikt voor die overtocht. Met wat voorzorgsmaatregelen werd besloten om het jacht te starten en dit gebeurde op 19 mei 1884 vanuit de Engelse haven van Southampton, met bestemming Sydney.

De bemanning bestond uit vier personen: Captain Tom Dudley, Edwin Stephens, Edmund Brooks en Hub Richard Parker, een 17-jarige jongen zonder zeilervaring.

Toen de Mignonette ongeveer 1600 zeemijl ten noordwesten van de Kaap de Goede Hoop lag, raakte er een abnormale golf door hem omver te werpen. Al snel zonk het, maar de bemanning slaagde erin in veiligheid te komen op een reddingsboot.

Helaas hadden ze in hun haast niets meegenomen om te overleven. Verlaten voor zichzelf in het midden van de oceaan, besloten ze om een van hen te offeren voor het voortbestaan van anderen. Ze hebben niet gekozen met de gelijkspel

Figuur 48. Frontispice van een Engelse editie van het verhaal van Edgard Allan Poe.

Kapitein Dudley en matroos Stephens besloten dat het de jonge Parker zou zijn. In plaats daarvan onthield de andere zeeman, Brooks zich. De reden voor de keuze was dat Richard Parker ziekelijk was en geen gezin had om naar terug te keren.

De drie werden gered dankzij het (onvrijwillige) offer van de jonge hub. Later werden ze gered tussen 26 en 27 juli 1884 door het Montezuma-schip, voor de kust van Rio de Janeiro.

Thuis ondergingen ze een rechtszaak.

Op 22 december 1884 werden Dudley en Stephens ter dood veroordeeld. Later, echter na een algemene opstand van de publieke opinie ten gunste van de overlevenden, werd het vonnis teruggebracht tot zes maanden gevangenisstraf.

Figuur 49. Het jacht Mignonette, een kleine boot van 16 meter, is de protagonist van een verschrikkelijk scheepswrakverhaal, in een illustratie van die tijd.

Dus, Edgard Allan Poe, in zijn fantastische verhaal over de avonturen van Arthur Gordon Pym, geschreven in 1837, vertelt een geval van kannibalisme dat, na een schipbreuk, een jong mannetje met zich meebrengt, Gordon Parker, dat door de andere drie overlevenden is opgegeten.

Ongelooflijk, in 1884, 47 jaar later, gebeurt het geval echt en een jonge hub genaamd Richard Parker, die met drie anderen ontsnapte bij het zinken van de Mignonette, wordt voedsel voor de andere overlevenden.

De *Italiaanse Treccani Encyclopedie* definieert zo afleveringen van vooruitziendheid: "Voorgevoeligheid is een paranormale informatie met betrekking tot het optreden van toekomstige gebeurtenissen, en meer in het algemeen is het een voorgevoel, een voorteken, een voorgevoelig teken."

Wanneer we het gevoel hebben dat een bepaald feit zal plaatsvinden en dan ook daadwerkelijk gebeurt, laat het ons verbijsterd achter. Hoe zijn we erin geslaagd om zo precies een feit te voorzien dat alleen in de toekomst zou zijn gebeurd?

In feite is voorgevoel of vooruitziendheid een mentale dynamiek die zich richt op een gebeurtenis die al in de niet-lokale dimensie besloten ligt. Veel gebeurtenissen die in het verleden zijn gebeurd, of die in de toekomst zullen plaatsvinden, kunnen plotseling in elk detail heel duidelijk lijken.

In deze gevallen heeft ons bewustzijn zich bevrijd van de regels van tijd en ruimte in ons gevoelige universum en leert het van de universele geest. Deze geest kent geen fysieke beperkingen omdat hij zich in de niet-lokale dimensie bevindt. In niet-lokaal is alle informatie in het universum beschikbaar in een context die geen van vóór, na of nu bevat.

In deze context is de culturele vooruitziende blik, typisch voor degenen die gewend zijn om met de hersenen samen te werken als schrijvers, creatieven en wetenschappers, in staat om de universele kennis van het niet-lokale niveau te betreden. Hier pikt het informatie op die in ons dagelijks leven misschien anticipeert op toekomstige gebeurtenissen.

Naast de tragedie van Richard Parker zijn er vele andere gevallen van culturele vooruitziendheid door schrijvers. Een van de bekendste is de verwijzing naar de schipbreuk van de Titanic.

Futility. Het zinken van de Titan

Morgan Robertson is een Amerikaanse schrijver, geboren in Oswego in 1831, bekend om zijn verhalen gebaseerd op maritieme avonturen. Hij raakte gepassioneerd door dit genre vanwege zijn afkomst, hij was zelfs de zoon van Andrew, commandant van schepen.

Het lijkt erop dat Morgan de uitvinder van de periscoop was, of heeft meegewerkt aan de realisatie ervan. Zijn beroemdheid komt echter bijna geheel voort uit een verhaal dat hij in 1898 schreef onder de titel *Futility*

Het vertelt het verhaal van een grote transatlantische oceaan die door de botsing met een grote ijsberg in de Atlantische oceaan zakt.

De plot van het verhaal richt zich op de protagonist John Rowland, een voormalige officier van de Amerikaanse marine, alcoholist en gedegradeerd, die werkt als een zeiler op de Titan. Dit schip stort een nacht in met een ijsberg en zinkt, maar John slaagt erin zichzelf te redden op de ijsberg met een meisje.

Figuur 50. Het zinken van de Titanic in de kop van een New York Times. Rechts de cover van een oude Italiaanse versie van het verhaal van Morgan Robertson, Futility, hernoemd: "Il naufragio del Titan ".

Natuurlijk zal John gered worden met de hulp van dit meisje. Dankzij haar lost ze haar alcoholproblemen op en leeft ze de rest van haar leven gelukkig.

Wat ons echter interesseert in dit verhaal, is niet het persoonlijke verhaal van John Rowland, maar de buitengewone toevalligheden die het denkbeeldige scheepswrak van de Titan en het echte schipbreuk van de Titanic met elkaar verbinden. Dit gebeurde in 1912, dat is 14 jaar later.

Laten we proberen alle toevalligheden tussen de twee scheepswrakken op te sommen.

Buitengewoon, de CICAP komt om de vraag te liquideren door te stellen dat het voor de auteur vrij eenvoudig was om het verhaal van de schipbreuk van een groot schip voor te stellen, omdat er zoveel in omloop waren. Geen commentaar.

Affiniteit tussen schipbreuk (*Grote*) en de Titan (*Echte*) van Titanic, die na 14 jaar voorkwam	
De naam	A Schip Zijn naam was Titan, de andere Titanic.
Slachtoffers	Beide scheepswrakken veroorzaken duizenden slachtoffers.
Oorzaak van het wrak	Zowel De schepen Zij dalen aan de botsing met een ijsberg.
Punt van effect	Beiden hobbelen in de ijsberg aan de stuurboord kant.
Wrak site	In beide De gevallen de scheepswrak vindt plaats op ongeveer 400 mijl van Newfoundland.
Snelheid op het moment van de botsing	Beiden reisden op vergelijkbare snelheden. (25 knopen de Titan, 22,5 knopen de Titanic).
Bijnaam	Beide schepen werden "onzinkbaar" genoemd.
Voortstuwing	Allebei waren drie propellers en hadden twee bomen.
Grootte	De Titan was 244 meter lang, de Titanic weinig meer, 269.
Boten	Beide hadden een aantal reddingsboten onvoldoende voor alle reizigers.
Vertrek	Beide vertrokken in april
Route	Zowel levensvatbarehereniging De route die van het Verenigd Koninkrijk naar New York gaat.

Ieder van ons heeft op een bepaald moment in zijn leven een voorgevoel gehad. Vaak gaan de voorgevoelens gepaard met fysieke sensaties zoals koude rillingen, kippenvel, maar ook met "vlinders in de maag".

Een onderzoeker aan Columbia University in New York beweert dat de maag inderdaad een enorm netwerk van zenuwcellen herbergt, die eeuwigdurend verbonden zijn met het emotionele deel van de hersenen. Het is duidelijk dat een emotie, opgewekt door een voorgevoel, de maag stimuleert, om de emotie ook op een verstandige manier waar te nemen.

De voorgevoelens komen vaak voor en redden vaak het leven van mensen.

In 1956 publiceerde de Amerikaanse ingenieur William Edward Cox een artikel getiteld "Precognition" in nummer 50 van de Journal of the American Society for Psychical Research. Een analyse "met het rapport van zijn onderzoek naar voorgevoelens.

In de praktijk had Cox een studie uitgevoerd waarin het aantal passagiers van treinen die normaal hadden gereden, werd vergeleken met die van passagiers op 28 treinen die bij ongevallen waren betrokken.

De vergelijking toonde een significante reductie van passagiers in treinen die ongelukken hadden opgelopen. In plaats daarvan was het aantal passagiers in dezelfde treinen dat ze normaal hadden gereisd, constant. (Zie Fig. 51).

Cox had tientallen artikelen en onderzoek over parapsychologie gepubliceerd en had gewerkt in het Parapsychology Laboratory aan de Duke University in Durham, North Carolina, dus hij was geen improvisator maar een ervaren experimentator. Hij stierf in 1994.

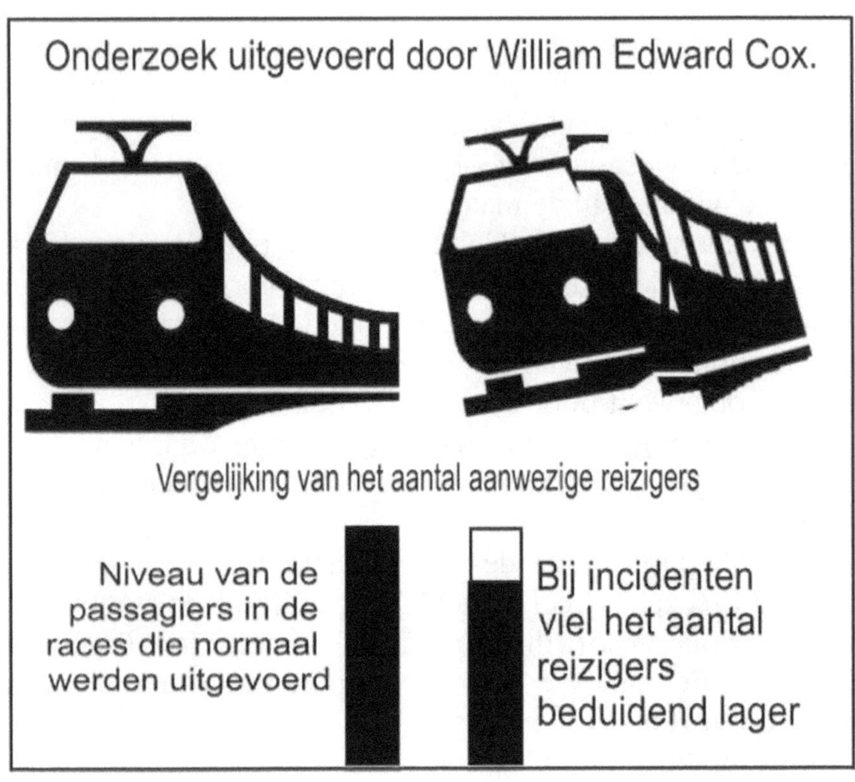

Figuur 51 Een onderzoek door William Edward Cox, die een vergelijking uitvoerde tussen reizigers in treinen op specifieke treinpaden. In gevallen waarin zich ongevallen voordoen, was het aantal reizigers aanzienlijk lager.

Sommige geleerden zeggen dat voorgevoelens niets anders zijn dan een manifestatie van intuïtie.

Zoals eerder vermeld, is intuïtie geen buitenzintuiglijke waarneming, omdat het voortbouwt op de reeds aanwezige kennis en deze uitwerkt om aanwijzingen voor gedrag te verkrijgen.

Er is zeker een oorzakelijk verband tussen de intuïtieve reacties en de reeds aanwezige kennis. In het voorgevoelens is er echter geen oorzakelijk verband.

De ervaring leert ons dat vroeg of laat een trein een ongeluk krijgt. Hij kan ons echter niet precies vertellen welke trein hij zal hebben.

28 - De experimenten van Dean Radin

Dean Radin is een psycholoog, directeur van het Consciousness Research Laboratory aan de Universiteit van Nevada, Las Vegas-.

Het behoort tot de gelederen van parapsychologen met een solide wetenschappelijke achtergrond en die werken binnen prestigieuze structuren, zoals universiteiten of andere onderzoekscentra.

Halverwege de jaren negentig begon Radin samen met zijn medewerkers een reeks experimenten om het voorgevoel te verifiëren.

In het standaardexperiment werd de emotionele spanning van de proefpersonen gemeten. Hiertoe werden de variaties in de weerstand van de huid gemeten met behulp van elektroden die met de vingers waren verbonden. Min of meer zoals we doen in de Test of the Truth Machine.

Het basisprincipe is dat wanneer een persoon zijn emotionele toestand verandert, de activiteit van zijn zweetklieren ook varieert, evenals de elektrische activiteit van

Figuur 52. In de experimenten van Dean Radin konden de proefpersonen, gecontroleerd door elektronische apparaten, de aankomst van schokkende beelden waarnemen voordat ze op het scherm verschenen.

de huid. Tijdens de test werden proefpersonen onderworpen aan "emotionele stress" die significant genoeg was om significante veranderingen in de zweetklieren te veroorzaken.

Om dit te bereiken werden ze onderworpen aan kleine elektrische schokken, plotselinge en onaangename geuren, of, vaker, werden ze beelden getoond die foto's van kalme landschappen of glimlachende kinderen afwisselden met foto's van lijken die bij een autopsie waren gegroepeerd, of verkeersongevallen, of met zeer pornografische inhoud. Uiteraard verschenen de beelden plotseling op een scherm. (Zie Fig. 52).

Tijdens de verschillende sessies van het experiment merkten Radin en zijn medewerkers op dat, wanneer ze beelden met kalme inhoud zagen, de onderwerpen hun rust in stand hielden.

Toen aan de andere kant beelden met een sterke emotionele lading werden getoond, reageerden de onderwerpen sterk, zoals te zien was op de aangesloten instrumenten.

Tot zover goed, waar is de verrassing?

De verrassing ligt in reactietijden. Toen we in milliseconden de timing van de reactie op sterke beelden maten, werd ontdekt dat de emotionele toestand enkele milliseconden varieerde voordat het beeld verscheen. Het gebeurde net alsof het onderbewuste van het subject van tevoren wist dat het binnenkomende beeld erg emotioneel was.

Voorspelling van rampen

De getuigenissen over de voorspelling van rampen zijn ontelbaar. We kunnen ons één geval herinneren, de aardverschuiving die op 21 oktober 1966 het mijndorp Aberfan, Wales, onder water bracht.

De aardverschuiving van meer dan 150.000 kubieke meter slakken afkomstig van de winning van steenkool, veroorzaakt door de aanhoudende regens van de voorgaande dagen, dompelde de stad om 9.15 uur onder. De berg met puin raakte ook de school waar alle studenten aan het studeren waren.

Als het een uur eerder was gebeurd, zou de school leeg zijn geweest. Er waren 128 kinderen onder de 144 slachtoffers.

In zijn boek "The extended mind" schrijft de auteur Rupert Sheldrake als volgt:

"De psychiater J.C. Baker, die na de tragedie in het dorp werkte, ontdekte dat veel mensen een voorgevoel hadden. In totaal onderzocht hij 76 zaken. Van deze 3 betrokken dromen. Sommige dromen waren levendig en gruwelijk tot op het punt dat sommigen wakker werden schreeuwend ....

Sommige mensen voelden intense nood. Een tienjarig meisje, Eryl Jones, die in de tragedie stierf, had haar moeder twee weken eerder verteld: "Mam, ik ben bang om dood te gaan", eraan toevoegend dat ze bij haar vrienden zou zijn.

De moeder vroeg zich af waarom ze zo had gesproken. Toen, de dag voor de tragedie, zei Eryl tegen zijn moeder: 'Ik droomde dat ik naar school zou gaan, maar de school was weg. Er was iets zwarts neergekomen en verpletterde het." Op verzoek van haar moeder werd ze naast haar vrienden begraven.

Figuur 53. Eerste hulp in het dorp Aberfan (vanaf Londranews.com)

29 -Andere soorten prescience.

Er zijn ook andere soorten prescience, niet gerelateerd aan tragische gebeurtenissen. U kunt bijvoorbeeld een persoon in een oude foto herkennen en kort daarna, dezelfde dag of de volgende dag, kunt u hem ontmoeten. Soms, na het denken aan een persoon, kunt u een telefoontje, een e-mail of een brief ontvangen.

Er zijn mensen die altijd van tevoren weten wanneer iemand op het punt staat te arriveren, vooral als er banden van genegenheid of verwantschap tussen de twee zijn.

Blijkbaar worden voorgevoelens door dieren ervaren. Het lijkt erop dat velen de komst van aardbevingen kunnen voorspellen, zelfs als we niet weten of dit echt afhankelijk is van prescience of bepaalde gevoeligheden die hen in staat stellen fysieke signalen vast te leggen die de mens nog niet heeft geïdentificeerd.

Er werden ook experimenten uitgevoerd op dieren (honden en katten) die "weten" wanneer de eigenaar naar huis terugkeert. Deze dieren kunnen de terugkeer voorzien, zelfs als dit op verschillende tijdstippen gebeurt. Ze manifesteren dit bewustzijn met duidelijk expliciete attitude

Het gevoel om te worden waargenomen

Het gevoel om te worden waargenomen is vrij gebruikelijk, en vaak is het ook richtinggevend, dat wil zeggen, we zien waar iemand naar ons kijkt, dus we kunnen ons op tijd omdraaien om te zien dat iemand met een blik op ons daar is.

In werkelijkheid gebeurt het onszelf vaak om waarnemers te zijn. Om een niet gespecificeerde reden zien we dat we naar een persoon achter hem kijken. Plots keert deze persoon zich om en zijn blik is de onze.

Het boze oog en fascinatie

Die van kwaadaardige blikken is een nieuwsgierigheid naar menselijk gedrag dat altijd al bekend is geweest en dat altijd gekenmerkt werd door negativiteit. In het boek *Evil Eye* gepubliceerd in 1895 door Frederick Thomas Elworthy, wordt beweerd dat het oog de kracht heeft om een kracht uit te stralen. Wanneer deze kracht afkomstig is van jaloerse of boze mensen, wordt de lucht slecht.

In werkelijkheid had Elworthy al waardevolle voorgangers gehad. Het geloof in het boze oog gedurende de oudheid werd gesteund door geleerde mannen als Aristophanes, Plutarch en Heliodorus. Sommige critici van Socrates zeiden dat deze grote filosoof het boze oog bezat.

We kunnen niet over het boze oog praten zonder het tegenovergestelde te vermelden, de fascinatie. Dit is het vermogen om te betoveren, te betoveren met de blik. Fascinatie vindt plaats wanneer we onszelf toestaan om positief betrokken te zijn bij een show, een film of iets dat onze aandacht trekt. Vaak fascineert het gedrag van een persoon ons ook.

Vaak wordt fascinatie geïnterpreteerd als de inductie van een hypnotische toestand. Degenen die eronder lijden, kunnen niet reageren. Het bekendste voorbeeld in de natuur is de dodelijke fascinatie van de slang die zijn slachtoffer alleen maar immobiliseert door te kijken.

Minder tragisch genoeg kunnen we zeggen dat bijvoorbeeld het uiterlijk van een puppy ons fascineert, zoals dat van een kind of een dierbare.

Figuur 54, Princeton University, gevestigd in Princeton, New Jersey, is een van de grootste universiteiten in de Ivy League en wordt erkend als een van de meest prestigieuze universiteiten ter wereld. Het Global Consciousness Project bevindt zich hier.

30 - Het project "Global Consciousness".

In het vorige hoofdstuk, waarin de experimenten van Dean Radin werden gepresenteerd, meldde ik de verrassende functie die naar voren kwam. Mensen die het experiment ondergaan, ervaren van tevoren het uiterlijk van de sterkste beelden. In deze gevallen reageren ze met meetbare elektrische signalen. De reactie vindt van tevoren plaats, enkele milliseconden voordat de afbeelding op het scherm verschijnt.

Dit fenomeen van verwachte perceptie van onplezierige gebeurtenissen is vele malen door veel onderzoekers geregistreerd.

De vraag die iemand zou kunnen stellen, is: als het mogelijk is om vooraf negatieve situaties te voorspellen door een persoon te testen, zou het dan niet mogelijk zijn om, door de inwoners van een stad te testen, negatieve gebeurtenissen over die stad te voorzien?

Naar analogie, als negatieve gebeurtenissen veranderingen in het bewustzijn van mensen veroorzaken voordat ze optreden, zou het dan niet mogelijk zijn, door de verstoringen van grote bevolkingsgroepen te testen, negatieve gebeurtenissen te voorspellen die hele naties of continenten, of de hele planeet beïnvloeden?

Iemand heeft ons geprobeerd. Het Google Profile of Mood States (GPMOS)

Een groep computerwetenschappers en statistici van de University of Indiana probeerde de hartslag van collectieve stemming te voelen door de gemoedstoestanden van sociale netwerken, vooral Twitter, te analyseren.

Om dit te doen gebruikten ze een tool die was opgesteld door Google, het Google Profile of Mood States. De onderzoekers analyseerden acht maanden lang, van maart tot december 2008, de gemoedstoestanden die door GPMOS werden geregistreerd, zes: geluk, vriendelijkheid, alertheid, kalmte, veiligheid, vitaliteit.

Zij kozen de periodes waarin de rusttoestand heerste, in vergelijking met de beursgang, en verifieerden dat, toen de steekproef deze situatie uitdrukte, de aandelenmarkt zonder verrassingen sloot met een nauwkeurigheid van de voorspelling gelijk aan 88 voor procent.

Iemand is geslaagd.

Iemand anders heeft de tijd genomen om de polsslag van de wereld op een meer wetenschappelijke manier te voelen, met een onderzoek dat nog gaande is in het project dat in de jaren tachtig is gemaakt door de professoren Robert Jahn en Brenda Dunne van de universiteit van Princeton. Het project is *Princeton Engineering Anomalies Research.*

Dit project ontstond toen de verschillende experimenten ons de kans gaven om ons voor te stellen dat een collectief globaal bewustzijn daadwerkelijk zou kunnen bestaan.

De studies bestaan uit het verifiëren van de psychokinetische effecten van menselijke emoties op sommige kleine machines. Dit zijn elektronische generators van willekeurige getallen. In technische termen RNG (Random Number Generator).

We weten dat getallen even of oneven kunnen zijn. Vanuit dit oogpunt zijn de opties twee. Dus, zoals bij de lancering van de medaille gebeurt, wordt het resultaat na een redelijk aantal lanceringen gebalanceerd (50% -50%).

Vrijwilligers werd gevraagd om te proberen de output van even of oneven getallen mentaal te beïnvloeden. Het bleek dat de vrijwilligers inderdaad interessante variaties konden genereren met betrekking tot de statistieken.

Puis il y a eu une surprise. Il a été vérifié qu'en plaçant les générateurs de GNR dans un environnement limité, les résultats étaient souvent différents de ceux statistiquement prévisibles. Ceci même quand personne n'avait essayé de les influencer.

De conclusie was dat generatoren van RNG beïnvloed kunnen worden door gemoedstoestanden van mensen in hun bereik. De vrijwilligers waren niet nodig om het effect te krijgen. Er leek een "gemeenschapsbewustzijn" te bestaan dat in overeenstemming was met de RNG, volgens de heersende gemoedstoestanden.

Het experiment heeft de naam "*Mega Trial*" aangenomen. Het ging verder met de deelname van twee andere onderzoeksinstituten, in Fribourg en Giessen in Duitsland.

In de daaropvolgende jaren overtuigden de interessante resultaten en de grotere verfijning van de technologieën vele andere instituten om deel te nemen aan het project (dat de naam "*Global Consciousness Project*" nam).

Veel willekeurige nummergeneratoren werden bijna overal ter wereld geplaatst, van Europa tot de VS tot Rusland en vervolgens tot Japan, Brazilië, China, Zuid-Amerika, Australië en Afrika. In totaal zijn ongeveer 150 krachtige RNG-generatoren geïnstalleerd.

Deze generatoren, nog steeds in werking, werken zonder tussenkomst van vrijwilligers die proberen ze te beïnvloeden. Ze genereren honderden keren per seconde willekeurige getallen (één of nul) en formuleren tegelijkertijd een voorspelling en controleren vervolgens of ze het geraden hebben.

Volgens de statistieken zou dit in 50% van de gevallen moeten plaatsvinden.

Maar zo gebeurt het niet altijd. Vóór het optreden van significante collectieve gebeurtenissen voorspellen generatoren de voorspellingen veel vaker dan het gemiddelde, alsof hun gewone werking werd beïnvloed door de gebeurtenissen die kort daarna zullen plaatsvinden.

In de praktijk zijn de RNG's in staat een significante variatie te registreren in het collectieve bewustzijn van de gemeenschappen binnen hun invloedsbereik. Dit komt tot uiting in een groter aantal exacte voorspellingen.

Als de gebeurtenis een heel continent kan beïnvloeden, registreren alle RNG's van dat continent dezelfde variaties. Ter bevestiging werden een paar uur voor de aanslag op de Twin Towers in New York op 11 september 2001 enorme pieken van exacte voorspellingen vastgesteld.

Die pieken vinden plaats, lokaal of wereldwijd, in de uren voorafgaand aan gebeurtenissen die de bevolkingen emotioneel betrekken binnen hun actieradius.

Het moet gezegd worden dat niet alleen negatieve gebeurtenissen invloed hebben op generatoren, maar ook op positieve, zoals gebeurde tijdens de openingsceremonie van de Olympische Spelen of andere grote internationale sportevenementen.

Het enige probleem is dat de instrumenten in de meeste gevallen toelaten te begrijpen wanneer de mensheid in spanning staat voor iets dat moet gebeuren, maar het kan niet worden vastgesteld hoe het zal gebeuren en waar.

De zaak van de Twin Towers

Misschien wel de meest tragische gebeurtenis die werd gemeld door het Global Consciousness Project, was die die plaatsvond in New York op 11 september 2001, met de aanval op de Twin Towers en hun instorting. Inderdaad, die dag was er een reeks van vier zelfmoordaanslagen, die de dood van ongeveer 3.000 mensen veroorzaakten en nog eens 6.000 mensen verwondden.

In zijn boek "Entangled Minds" beschrijft Dean Radin, die deelneemt aan het project, het gedrag van de RNG-apparaten:

> "Bij het onderzoeken van de resultaten van de analyse, hebben we gemerkt dat er iets ongewoons gebeurde die dag. Op 11 september 2001 leed de grafiekcurve een ongelooflijke afwijking ten opzichte van de andere onderzochte dagen. Er is geen eenvoudig antwoord op de vraag waarom de curve piekte vóór de terroristische aanslag, ook al herinnert dit ons aan de gegevens verkregen uit precognitie-experimenten."

Het Global Consciousness-project vandaag.

In de jaren 1980 tot 2002 zijn de projectwerkzaamheden voortgezet onder leiding van prof. Roger D. Nelson, die vandaag de coördinator is. De prof. Nelson is gespecialiseerd in de studie van bewustzijn en intentie en de rol van de geest in de fysieke wereld. Zijn werk integreert wetenschap en spiritualiteit. Het biedt een onderzoeksmodel dat zich rechtstreeks richt op veel gemeenschappelijke ervaringen.

Die Global Bewustheidsprojek vandag.

In die jare van 1980 tot 2002 het die projekwerk onder leiding van prof voortgesit. Roger D. Nelson, wat vandag die koördineerder is. Die prof. Nelson spesialiseer in die studie van bewussyn en voorneme en die rol van die verstand in die fisiese wêreld. Sy werk integreer wetenskap en spiritualiteit. Dit bied 'n navorsingsmodel wat direk op baie algemene ervarings fokus.

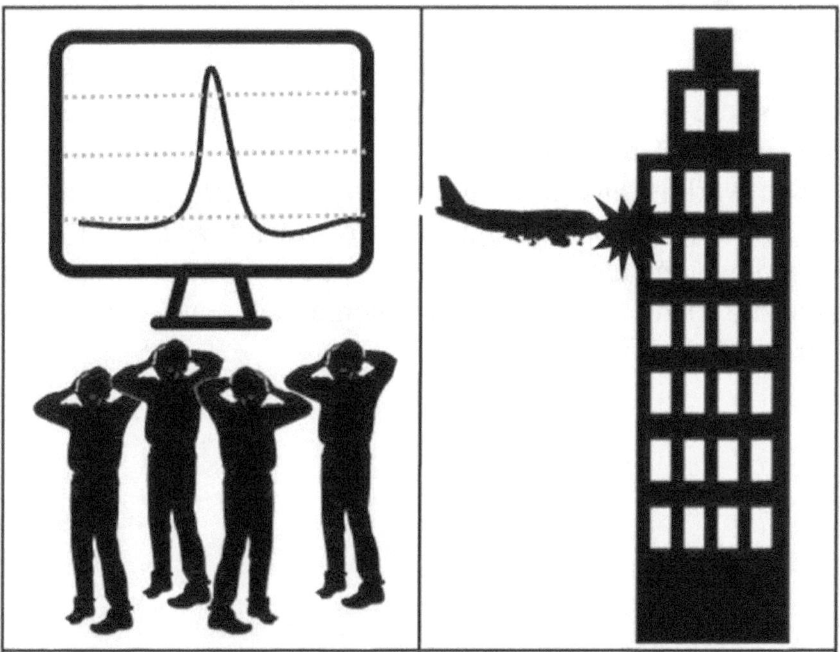

Figuur 55. New York, 11 september 2001. De instrumenten van het Global Consciousness Project registreren een zeer sterke spanning in de wereldbevolking twee uur voordat de impact van het vliegtuig tegen de eerste toren optreedt.

Nelson gebruikte RNG-technologie om de effecten van specifieke bewustzijnstoestanden van menselijke groepen te bestuderen.

Dit bestaat nu uit een wereldwijd verdeeld netwerk van RNG's, die continu gegevens verzenden naar een server aan de Princeton University.

Het netwerk is ontworpen om aanwijzingen te registreren van een wereldwijd bewustzijn dat opwindend wordt bij grote wereldevenementen zoals het begin van oorlogen, natuurrampen, grote sportevenementen en belangrijke vieringen zoals Nieuwjaar.

31 - Conclusies. Is het de juiste tijd?

Sinds het begin van de beschaving is de mensheid altijd op een niet-lineaire manier vooruitgegaan, hoewel het darwinisme de theorie van een geleidelijke evolutie van soorten heeft gesteund, die geleidelijk, door gunstige mutaties, voortging op een reis van aanpassing aan milieuomstandigheden, het zogenaamde gradualisme phyletic.

In 1972 stelden twee wetenschappers, Stephen Jay Gould en Niles Eldredge, de theorie van ' punctuated equilibriums ' voor. Op basis van de studie van fossielen daagden de twee wetenschappers de lineaire progressiviteit van de evolutie uit, met het argument dat soorten nog lang stabiel zijn. en dan variëren ze in korte perioden.

In de praktijk komen evolutionaire veranderingen relatief snel voor, onder impuls van selectieve omgevingskrachten; deze explosies van evolutionaire variatie zouden worden afgewisseld met lange perioden van stabiliteit.

De twee wetenschappers wezen op de evolutie van soorten op het biologische niveau, maar het is duidelijk dat, als het de mens betreft, biologische evolutie ook gepaard gaat met culturele evolutie.

Inderdaad, we hebben onszelf eerder afgevraagd hoe de mens bijna vier miljoen jaar in het Stenen Tijdperk is vastgelopen, om vervolgens met ongelooflijke snelheid te evolueren in de afgelopen 12.000 jaar, tot het computertijdperk. (zie figuur 30).

In dit opzicht heb ik het principe van het juiste moment gehandhaafd: voor alles is er een goed moment om het te laten gebeuren, een moment waarop de objectieve externe omstandigheden gunstig zijn om het gemakkelijker te realiseren.

Het juiste moment manifesteert zich door een reeks synchroniciteiten die aanzetten tot "het moment grijpen". Synchroniciteit stimuleert een enkele persoon, of een hele gemeenschap, om aan het avontuur van verandering te beginnen.

Er zijn goede momenten voor ieder van ons, maar bovenal zijn er goede momenten voor groepen mensen, naties en de mensheid als geheel.

Dit zijn momenten waarop het mogelijk wordt om enorme sprongen te maken in het bewustzijn van nieuwe niveaus van cultuur en beschaving waarop men zich kan richten. In deze gevallen dwingen bijzonder krachtige, aanhoudende en herhaalde synchroniciteiten de mens om de evolutionaire sprong te realiseren.

Ik geloof dat we een van deze momenten ervaren, dat wil zeggen, de overgang van de beschaving van materie naar de beschaving van materie verenigd met de psyche.

Een ongelooflijke reeks synchroniciteit leidt ons naar dit doel. We zullen leven in een evolutionaire fase van de geest die niets onveranderd zal laten. Als de mensheid de moed heeft om deze sprong te maken, zal niets meer hetzelfde zijn als voorheen.

We zijn getuige geweest van de ontwikkeling van de kwantumfysica, de ongelooflijke ontdekking van de niet-lokale realiteit waarin verstrengeling plaatsvindt, de recente ontwikkelingen van het Global Consciousness-project. Dit alles valt samen met de theorieën van psychotherapeut Carl Gustav Jung over het collectieve onbewuste. Veel is voortgekomen uit de ontmoeting en samenwerking van Jung met de kwantumfysicus Wolfgang Pauli.

We konden tientallen andere samenvallende gebeurtenissen onthouden, zoals de studies van Rupert Sheldrake op morfische velden of de natuurkundige David Bohm over het holografische universum.

Al deze gebeurtenissen geconcentreerd in de afgelopen vijftig jaar vertegenwoordigen een tumultueuze rivier van synchroniciteit die draaikolken genereert die in staat zijn om eeuwen van overtuigingen weg te vagen die niet langer in overeenstemming zijn met de realiteit.

Onder deze weggevloeide overtuigingen vinden we eerst materialisme. Ten tweede vinden we ongeloof en minachting voor buitenzintuiglijke waarnemingen. die 'illusies en bedrog' werden genoemd

Het is waar dat in de algemene verwarring hele legers van oneerlijke mensen voordeel hebben getrokken om de buurman te misleiden en hebben geproclameerd om vermoedelijke krachten te bezitten. Dit resulteerde in de in diskrediet brengen en ontkenning van het geheel.

Het is tijd om de geloofwaardigheid van het fenomeen van buitenzintuiglijke waarnemingen te herstellen. Het onderwerp moet met ernst worden benaderd. We moeten ons ervan bewust zijn dat de taal van buitenzintuiglijke verschijnselen ons nog onbekend is. Maar nu weten we dat er een grammatica en een woordenboek bestaat, en we kunnen ons ertoe verbinden ze te bestuderen.

Afdrukken voltooid op 15 april 2022
Peter Veltman is het pseudoniem van Bruno Del Medico,
blogger, schrijver, redacteur, gespecialiseerd in de verspreiding
van kwesties die verband houden met sociale actualiteit en de
nieuwe grenzen van de wetenschap. Hij is de auteur van vele
teksten over de recente pandemie en van een gespecialiseerde
serie over kwantumfysica en metafysica.

www.ingramcontent.com/pod-product-compliance
Lightning Source LLC
Chambersburg PA
CBHW021429150726
47989CB00001B/171